Berichte zu Pflanzenschutzmitteln 2014

Berichte zu Pflanzenschutzmitteln 2014

Jahresbericht Pflanzenschutz-Kontrollprogramm

Bund-Länder-Programm zur Überwachung des Inverkehrbringens und der Anwendung von Pflanzenschutzmitteln nach dem Pflanzenschutzgesetz

BVL-Reporte

IMPRESSUM

Bibliografische Information der Deutschen Bibliothek

Die Deutsche Bibliothek verzeichnet diese Publikation in der Deutschen Nationalbibliografie; detaillierte bibliografische Daten sind im Internet über http://dnb.ddb.de abrufbar.

ISBN 978-3-319-24914-8
ISBN 978-3-319-24915-5 (eBook)
DOI 10.1007/978-3-319-24915-5
Springer Basel Dordrecht London New York

Herausgeber:	Bundesamt für Verbraucherschutz und Lebensmittelsicherheit (BVL) Dienststelle Berlin Mauerstraße 39 – 42 D-10117 Berlin
Schlussredaktion:	Doris Schemmel, Dr. Saskia Dombrowski (BVL, Pressestelle)
Redaktion:	Dr. Karin Corsten (BVL, Ref. 201)
ViSdP:	Nina Banspach (BVL, Pressestelle)
Titelbild:	© Hans Puckhaber (Pflanzenschutzdienst Bremen)
Abbildungen:	© Birgit Seeber (LfULG Sachsen), © Landesbetrieb Landwirtschaft Hessen (LLH)
Satz:	le-tex publishing services GmbH

Gedruckt auf säurefreiem und chlorfrei gebleichtem Papier

Springer International Publishing AG Switzerland ist Teil der Fachverlagsgruppe Springer Science+ BusinessMedia (www.springer.com)

Inhaltsverzeichnis

In der Bundesrepublik Deutschland überwachen die Behörden der Bundesländer die Einhaltung der Vorschriften, die für das Inverkehrbringen und die Anwendung von Pflanzenschutzmitteln gelten.

Das **Pflanzenschutz-Kontrollprogramm** ist ein bundesweit harmonisiertes Programm zur Überwachung pflanzenschutzrechtlicher Vorschriften. Die Durchführung und Berichterstattung der Kontrollen erfolgen nach gemeinsamen Standards der Bundesländer auf Grundlage eines abgestimmten Methoden-Handbuches. Die Festlegung von Kontrolltatbeständen und die Betriebsauswahl erfolgt durch die Bundesländer; zusätzlich gibt es bundesweite Kontrollschwerpunkte. Der vorliegende Bericht fasst die Ergebnisse des Jahres 2014 zusammen.

Bundesweit wurden in 2.223 Handelsbetrieben Verkehrskontrollen durchgeführt und in 5.170 Betrieben der Landwirtschaft, des Gartenbaus und der Forstwirtschaft Betriebs- oder Anwendungskontrollen vorgenommen. Im Rahmen der Überwachung der Verordnung über die Prüfung von Pflanzenschutzgeräten (Pflanzenschutz-Geräteverordnung) wurden des Weiteren 13.613 Pflanzenschutzgeräte von amtlichen bzw. amtlich anerkannten Kontrollstellen überprüft. Die Zusammensetzung und physikalische, chemische und technische Eigenschaften von 214 Pflanzenschutzmitteln wurden untersucht.

Das Anbieten von Pflanzenschutzmitteln, die nicht mehr verkehrsfähig sind, war mit 23,6 % wie in den vergangenen Jahren ein Hauptgrund für Beanstandungen in Handelsbetrieben (2013: 24,8 %). Die Beanstandungsquote aufgrund einer Nichtbeachtung der Anzeigepflicht des Verkaufs von Pflanzenschutzmitteln lag mit 8,5 % leicht über dem Niveau des Vorjahres (7,6 %). Bezüglich der Sachkunde und der Unterrichtungspflicht des Verkaufspersonals kam es in 3,8 % bzw. 3,9 % der kontrollierten Betriebe zu Beanstandungen (2013: 3,9 % bzw. 4,6 %). Die Nichteinhaltung des Selbstbedienungsverbots wurde in 6,0 % der kontrollierten Betriebe bemängelt (2013: 6,2 %). Bei Kontrollen von Pflanzenschutzmittellagern wurden in 1,5 % der Handelsbetriebe Pflanzenschutzmittel vorgefunden, für die eine Beseitigungspflicht besteht

(2013: 3,6 %). Hierbei handelt es sich um Pflanzenschutzmittel, die Wirkstoffe enthalten, die EU-weit verboten sind.

Im Handel wurden insgesamt 214 Pflanzenschutzmittelgebinde entnommen und auf ihre Zusammensetzung analysiert. 199 Gebinde waren sogenannte Planproben, bei denen vorab festgelegt wurde, welche Wirkstoffe in den Pflanzenschutzmitteln enthalten sein sollten. Im Jahr 2014 lag dabei der Schwerpunkt auf Pflanzenschutzmitteln, die die Wirkstoffe Flufenacet oder Boscalid enthalten. Zusätzlich wurde auch die Untersuchung eines bestimmten Terbuthylazin-haltigen und eines bestimmten Fluroxypyr-1-methyl-heptylester-haltigen Pflanzenschutzmittels vereinbart, die in einem der früheren Kontrolljahre auffällig waren. Drei (1,5 %) der 199 untersuchten Gebinde wurden bemängelt. Bei 15 Proben, die aufgrund eines Verdachts (Schäden an Pflanzen, Verdacht auf fehlerhafte Zusammensetzung oder auf illegale Importe usw.) untersucht wurden, lag die Beanstandungsquote mit 66,7 % erwartungsgemäß höher. Diese Ergebnisse der Analysen können nur einen Trend wiedergeben, da sie aufgrund der Probenzahlen nur eine geringe statistische Aussagekraft haben.

Bei Anwendungs- und Betriebskontrollen in landwirtschaftlichen, forstwirtschaftlichen und gärtnerischen Betrieben ergaben sich in den meisten Kontrollbereichen höhere Beanstandungsquoten als im Vorjahr. Hieraus kann kein allgemeiner Trend abgeleitet werden, da die Kontrollplanung im Allgemeinen risikoorientiert erfolgt. In diesem Bericht sind zudem die Ergebnisse aus systematischen Kontrollen in zufällig ausgewählten Betrieben und aus Anlasskontrollen, die aufgrund eines Verdachts durchgeführt wurden, zusammengefasst. Bei 1,8 % der kontrollierten Anwender lag kein gültiger Sachkundenachweis vor (2013: 1,2 %). Die Vorschriften der Pflanzenschutz-Anwendungsverordnung wurden bei 0,2 % der daraufhin kontrollierten Schläge missachtet (2013: 0,6 %). Auf 4,1 % der kontrollierten Schläge wurden Verstöße bezüglich der Einhaltung der Anwendungsgebiete festgestellt (2013: 3,3 %). Auf 5,0 % der kontrollierten Schläge

Berichte zu Pflanzenschutzmitteln 2014, DOI 10.1007/978-3-319-24915-5_1,
© Bundesamt für Verbraucherschutz und Lebensmittelsicherheit (BVL) 2016

wurden Anwendungs- oder Bienenschutzbestimmungen nicht eingehalten (2013: 4,5 %). Die Beanstandungsquote bei kontrollierten Pflanzenschutzgeräten lag bei 1,4 % (2013: 2,1 %). Die Einhaltung der Dokumentationspflicht für Pflanzenschutzmittelanwendungen war in 4,6 % der kontrollierten Betriebe mangelhaft (2013: 5,1 %). Die Beseitigungspflicht für Pflanzenschutzmittel, die EU-weit verbotene Wirkstoffe enthalten, wurde in 5,2 % der kontrollierten Betriebe nicht beachtet (2013: 4,5 %).

Wie im Vorjahr wurde die Einhaltung von Abständen zu Gewässern zur Vermeidung von Abdrift bei der Anwendung von Pflanzenschutzmitteln in einem weiteren bundesweiten Schwerpunkt kontrolliert. Auf 46 von 405 kontrollierten Schlägen wurden keine ausreichenden Abstände zu Gewässern eingehalten. Fast ein Drittel der Beanstandungen (16 von 46) wurden bei Anlasskontrollen festgestellt. Bei den Anlasskontrollen wurden 76,2 % der Anwendungen bemängelt und bei den systematischen Kontrollen 7,8 %.

Im Jahr 2014 wurde als neuer bundesweiter Kontrollschwerpunkt die Einhaltung von Anwendungsbestimmungen zum Bienenschutz eingeführt. Es wurde kontrolliert, ob Pflanzenschutzmittel, die als bienengefährlich eingestuft sind, in blühenden Pflanzenbeständen angewandt wurden und ob die weiteren Bestimmungen der Bienenschutzverordnung eingehalten wurden. Die Kontrollen umfassten 370 Schläge in 342 Betrieben. Auf 5 Schlägen wurden bienengefährliche Pflanzenschutzmittel an blühenden Pflanzen angewandt. Die Beanstandungen ergaben sich dabei in einigen Fällen nicht aufgrund einer Behandlung in blühenden Kulturpflanzen, sondern weil blühende Wildkräuter im Bestand vorhanden waren. In einem weiteren Fall wurde gegen die Anwendungsbestimmung NB504 verstoßen, die eine Anwendung von Imidacloprid vor der Blüte verbietet, wenn im Jahr der Behandlung eine Verwendung der Pflanzen im Freiland vorgesehen ist.

Bei der Überwachung von Anwendungen auf nicht landwirtschaftlich, forstwirtschaftlich oder gärtnerisch genutzten Flächen, auf denen die Anwendung von Pflanzenschutzmitteln nur mit einer behördlichen Genehmigung zulässig ist, wurden über 1.300 Flächen, z. B. Betriebs- oder Verkehrsflächen, überprüft und 1.360 Unternehmer und 664 Privatpersonen kontrolliert. Kontrollen auf Flächen, für die behördliche Genehmigungen vorlagen, führten in 11,2 % aller Fälle zu Beanstandungen (2013: 8,2 %). Bei der Kontrolle von Flächen, für die keine Anträge auf Genehmigung der Anwendung von Pflanzenschutzmitteln gestellt worden waren, wurde in 50,1 % der Fälle eine unzulässige Pflanzenschutzmittelanwendung festgestellt (2013: 36,1 %). Bei der Bewertung der hohen Anzahl von Verstößen ist zu berücksichtigen, dass viele Beanstandungen das Ergebnis von gezielten Kontrollen oder Anzeigen – sogenannten Anlasskontrollen – sind, die aufgrund von konkreten Verdachtsmomenten aufgenommen wurden. In vielen Fällen handelte es sich bei den Verstößen um von Laien begangene Zuwiderhandlungen. Die Beanstandungen machen deutlich, dass weiterhin eine intensive Aufklärungs- und Informationsarbeit erforderlich ist.

Das Pflanzenschutz-Kontrollprogramm ist ein bundesweit harmonisiertes Programm zur Überwachung pflanzenschutzrechtlicher Vorschriften. Darin haben die Bundesländer vereinbart, ihre Überwachungsprogramme untereinander abzustimmen und nach einheitlichen Standards zu arbeiten. Für die Überwachung der Einhaltung der umfangreichen Bestimmungen zum Inverkehrbringen und zur Anwendung von Pflanzenschutzmitteln, Pflanzenstärkungsmitteln und Zusatzstoffen im Pflanzenschutzrecht sind die Bundesländer zuständig. Verstöße werden nach dem Pflanzenschutzgesetz (PflSchG) in der Regel als Ordnungswidrigkeit geahndet. Unter der Geschäftsführung des Bundesamtes für Verbraucherschutz und Lebensmittelsicherheit (BVL) tagt regelmäßig die Arbeitsgemeinschaft Pflanzenschutzmittelkontrolle (AG PMK) mit Fachleuten aus den Bundesländern, die Empfehlungen für Kontrollmethoden in Form eines Handbuchs ausarbeitet und das Kontrollprogramm koordiniert. Vorrangiges Ziel der Verkehrs- und Anwendungskontrollen ist es, die Einhaltung pflanzenschutzrechtlicher Bestimmungen zu überwachen und die Missachtung von Vorschriften durch angemessene Maßnahmen abzustellen.

Im Pflanzenschutz-Kontrollprogramm wird die Einhaltung des geltenden EU-Rechts und der Vorgaben aus dem Pflanzenschutzgesetz sowie aus nationalen Verordnungen beim Verkauf und bei der Anwendung von Pflanzenschutzmitteln überwacht. In der Verordnung (EG) Nr. 1107/2009 sind neben der Zulassung von Pflanzenschutzmitteln in einem „zonalen Verfahren" einheitliche Regelungen für die Erteilung einer Genehmigung für parallel gehandelte Pflanzenschutzmittel festgelegt. Weiterhin wird der Verkauf von Pflanzenschutzmitteln und behandeltem Saatgut sowie die Verwendung von Pflanzenschutzmitteln geregelt. Hersteller, Händler und Anwender müssen Aufzeichnungen über hergestellte, gelagerte, in Verkehr gebrachte und verwendete Pflanzenschutzmittel führen. Die Verordnung (EG) Nr. 1107/2009 enthält allgemeine Vorgaben für Kontrollen in den Mit-

gliedstaaten; die Einzelheiten sollen in einer Kontrollverordnung festgelegt werden. Erste Entwürfe einer EU-weit geltenden Kontrollverordnung wurden im Jahr 2014 beraten.

Mit der Richtlinie 2009/128/EG des Europäischen Parlaments und des Rates vom 21. Oktober 2009 über einen Aktionsrahmen der Gemeinschaft für die nachhaltige Verwendung von Pestiziden gibt es EU-weite Vorgaben für die regelmäßige Fort- und Weiterbildung von Verkäufern, Beratern und Anwendern von Pflanzenschutzmitteln. Außerdem gibt es für den Verkauf von Pflanzenschutzmitteln Auflagen, die gemäß vorgegebener Fristen in das nationale Recht der einzelnen Mitgliedstaaten umgesetzt werden müssen. Die in Deutschland bereits seit Jahren geltende Pflicht zur Kontrolle von in Gebrauch befindlichen Pflanzenschutzgeräten findet zukünftig in der gesamten EU ihre Anwendung. Das Spritzen oder Sprühen von Pflanzenschutzmitteln mit Luftfahrzeugen ist nun auch EU-weit nur noch in Ausnahmefällen und mit einer besonderen Genehmigung erlaubt.

Zum Schutz von Bienen hat die EU-Kommission mit der Durchführungsverordnung (EU) Nr. 485/2013 die Verwendungszwecke der drei Wirkstoffe Clothianidin, Imidacloprid und Thiamethoxam aus der Gruppe der Neonikotinoide in Pflanzenschutzmitteln stark eingeschränkt. Die Durchführungsverordnung der EU verbietet ab dem 1. Dezember 2013 ihre Verwendung als Spritz- und Beizmittel in vielen Kulturen und das Inverkehrbringen von Saatgut, das mit Clothianidin, Imidacloprid oder Thiamethoxam behandelt wurde. Diese Verbote wurden in die nationale Pflanzenschutz-Anwendungsverordnung übernommen. Das BVL hatte für Mittel mit diesen Wirkstoffen, die zur Saatgutbehandlung von Raps vorgesehen sind, sowie für Mittel zur Verwendung im Haus- und Kleingartenbereich das Ruhen der Zulassung ab dem 1. Oktober 2013 angeordnet. Bei zugelassenen Pflanzenschutzmitteln wurden zusätzliche Anwendungsbestimmungen festgesetzt, um alle denkbaren Expositionspfade für Bienen auszuschließen.

Berichte zu Pflanzenschutzmitteln 2014, DOI 10.1007/978-3-319-24915-5_2,
© Bundesamt für Verbraucherschutz und Lebensmittelsicherheit (BVL) 2016

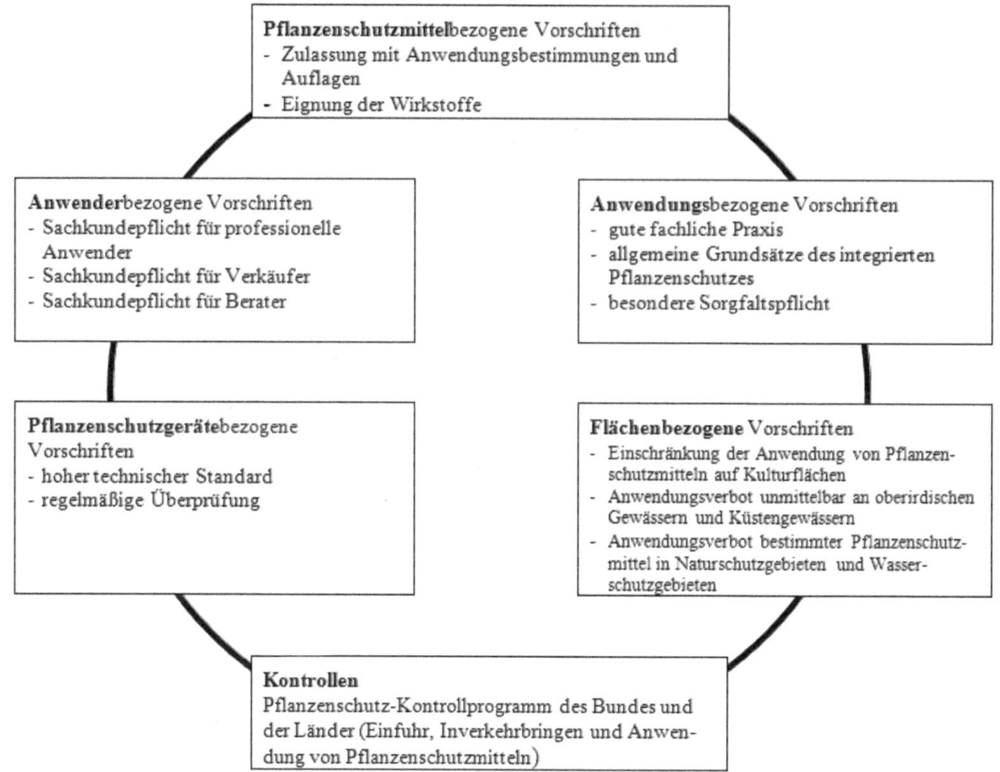

Abb. 2.1 Bestandteile des Systems zur bestimmungsgemäßen und sachgerechten Anwendung von Pflanzenschutzmitteln (Quelle: Nationaler Aktionsplan zur nachhaltigen Anwendung von Pflanzenschutzmitteln 2013 [Hrsg.: BMELV], http://www.nap-pflanzenschutz.de)

Wie in Abbildung 2.1 dargestellt, ist das Pflanzenschutz-Kontrollprogramm als Bestandteil eines umfassenden Systems zu sehen, das die sachgerechte und bestimmungsgemäße Anwendung von Pflanzenschutzmitteln unter Einhaltung des hohen Schutzniveaus für die Gesundheit von Mensch und Tier und den Naturhaushalt zum Ziel hat. Neben der Prüfung und Zulassung von Pflanzenschutzmitteln bilden die Anforderungen an die Qualifikation der Verkäufer und Anwender, die Verwendung geprüfter Geräte, die Beratungstätigkeiten der Behörden und Verbände sowie die Kontrollen durch die Bundesländer ein engmaschiges Netz zur Risikominimierung.

Mit dem vorliegenden Bericht werden die Ergebnisse des Pflanzenschutz-Kontrollprogramms für das Kontrolljahr 2014 dargestellt und damit dieser Überwachungsbereich der Öffentlichkeit zugänglich gemacht. Die Ergebnisse des Kontrollprogramms werden unter anderem genutzt, um Schwerpunkte bei der Aufklärung und Beratung in den Bundesländern zu identifizieren und länderspezifische und bundesweite Kontrollschwerpunkte festzulegen.

Auf Basis mehrjähriger Beobachtungen sollen zudem Rückschlüsse gezogen werden, ob die bestehenden Rechtsgrundlagen angepasst werden müssen, um eine zulassungskonforme Produktion, das ordnungsgemäße Inverkehrbringen und die sachgerechte Anwendung von Pflanzenschutzmitteln sicherstellen zu können. Mit den zusammengefassten Daten der Bundesländer erfüllt die Bundesrepublik Deutschland überdies ihre Berichtspflichten gegenüber der Europäischen Kommission gemäß der Verordnung (EG) Nr. 1107/2009.

Die Bundesländer sind zuständig für die Überwachung der Vorschriften der Verordnung (EG) Nr. 1107/2009 über das Inverkehrbringen von Pflanzenschutzmitteln, des Pflanzenschutzgesetzes (PflSchG) und der hierauf basierenden bundesweiten Verordnungen (Pflanzenschutz-Anwendungsverordnung, Pflanzenschutz-Geräteverordnung, Pflanzenschutz-Sachkundeverordnung) sowie weiterführender Länderregelungen.

Die Kontrollen zum Verkauf und der Anwendung von Pflanzenschutzmitteln werden in den Bundesländern von den zuständigen Behörden als Teil der fachrechtsbezogenen Kontrollaufgaben durchgeführt. In Kapitel 8 sind die Behörden aufgelistet, die die Verkehrs- und Anwendungskontrollen durchführen. Daneben wirken die Zollstellen, das Julius Kühn-Institut und das BVL bei der Überwachung mit. Zu den Aufgaben der Bundesländer gehören die Festlegung länderspezifischer Kontrollschwerpunkte, die Planung und Durchführung der Kontrollen, die Verfolgung und Ahndung von Ordnungswidrigkeiten sowie die Aufbereitung und Weiterleitung der Daten an das BVL zur Erstellung eines jährlichen Berichts auf der Grundlage dieser Länderdaten. Das BVL übernimmt die analytisch-chemische Untersuchung von Pflanzenschutzmittelproben, die im Handel gezogen werden. Kontrollen bei der Einfuhr von Pflanzenschutzmitteln in die EU werden vom Zoll, in Zusammenarbeit mit den Pflanzenschutzdiensten, vorgenommen. Das Julius Kühn-Institut führt Analysen im Zusammenhang mit Bienenschadensfällen durch.

Das Pflanzenschutz-Kontrollprogramm wird gemeinsam vom Bund und den Ländern durchgeführt.

Die Koordinierung der Arbeiten und Umsetzung der Kontrollen erfolgt durch die Arbeitsgemeinschaft Pflanzenschutzmittelkontrolle (AG PMK) bzw. deren Mitarbeiter. Die Gruppe setzt sich aus Spezialisten der Pflanzenschutzdienste aller Bundesländer sowie des BVL zusammen; die Geschäftsführung liegt beim BVL. Zu bestimmten Themen gibt es zusätzliche Arbeitsgruppen. Zu den Arbeitsgruppensitzungen können weitere Fachleute geladen werden; so setzt sich die AG Rückstände und Analytik im Wesentlichen aus Experten für Pflanzenschutzmittelanalysen zusammen. Die AG PMK hat für das Pflanzenschutz-Kontrollprogramm ein Handbuch erstellt, das als Leitfaden für die praktische Durchführung der Pflanzenschutzkontrollen zu verstehen ist. Es beinhaltet Informationen über die verschiedenen Rechtsgrundlagen und Kontrollbereiche, Vorgaben zu den einzelnen Prüftatbeständen, Aussagen zum Kontrollumfang sowie Hinweise zur Berichterstattung. Die dort genannten Methoden und Muster-Kontrollbögen dienen als Grundlage zur Erstellung von Arbeitsanweisungen und Kontrollverfahren in den einzelnen Bundesländern. Das Handbuch wird in regelmäßigen Abständen überprüft und den aktuellen, insbesondere gesetzlichen Entwicklungen angepasst. Die aktuell gültige Fassung kann von der Internetseite des BVL abgerufen werden: http://www.bvl.bund.de/psmkontrollprogramm. Weitere Aufgaben der AG PMK sind der regelmäßige Erfahrungsaustausch über aktuelle Verdachtsfälle und die Kontrollpraxis sowie die Erarbeitung von Vorschlägen für die jährlichen bundesweiten Kontrollschwerpunkte.

Berichte zu Pflanzenschutzmitteln 2014 , DOI 10.1007/978-3-319-24915-5_3,
© Bundesamt für Verbraucherschutz und Lebensmittelsicherheit (BVL) 2016

Die Bundesländer stellen jährlich Kontrollpläne für die Verkehrs- und Anwendungskontrollen innerhalb des bundesweit geltenden Rahmens auf. Generell finden Kontrollen in folgenden Bereichen statt:

- Überwachung der Einfuhr und des Verkaufs von Pflanzenschutzmitteln, Pflanzenstärkungsmitteln und Zusatzstoffen einschließlich der Kontrolle der Zusammensetzung und der physikalischen, chemischen und technischen Eigenschaften von Pflanzenschutzmitteln,
- Überwachung der Anwendung von Pflanzenschutzmitteln im landwirtschaftlichen, gärtnerischen und forstwirtschaftlichen Bereich,
- Überwachung der Anwendung von Pflanzenschutzmitteln auf Freilandflächen, die nicht landwirtschaftlich, gärtnerisch oder forstwirtschaftlich genutzt werden, sowie die Überwachung der Anwendung von Pflanzenschutzmitteln auf Flächen, die für die Allgemeinheit bestimmt sind.

Innerhalb dieser Bereiche werden sogenannte „Kontrolltatbestände" eingeführt, denen klar definierte Anforderungen zugrunde liegen. In Kapitel 6 sind die einzelnen Tatbestände der Kontrollbereiche näher erläutert.

4.1 Planung der Kontrollen

Handelsbetriebe geben Pflanzenschutzmittel zunehmend auf verschiedenen Vertriebswegen ab. Die Verkehrskontrollen erfolgen deshalb in allen Tätigkeitsfeldern eines Händlers. Betroffen sind

- Großhändler, die nicht direkt an Anwender abgeben, sondern an Wiederverkäufer,
- Händler, bei denen ausschließlich berufliche Anwender einkaufen,
- Einzelhändler, die Pflanzenschutzmittel an berufliche Anwender und/oder an nicht berufliche Anwender (Pflanzenschutzmittel zur Anwendung im Haus- oder Kleingarten) abgeben,
- Versandhändler und Internetanbieter, die an berufliche Anwender oder nicht berufliche Anwender verkaufen.

Regional gibt es große Unterschiede bei der Anzahl und Art der Verkaufsstellen: In städtischen Regionen sind überwiegend Baumärkte oder Gartencenter zu kontrollieren, während im ländlichen Raum vor allem Genossenschaften (z. B. Raiffeisenmärkte) und Landhandelsunternehmen überprüft werden. Insgesamt sind bei den Pflanzenschutzdiensten 11.899 Verkaufsstellen registriert (Stand: April 2015).

Zu den Verkehrskontrollen gehört auch die Zusammenarbeit mit den Zollstellen bei der Ein- und Ausfuhr von Pflanzenschutzmitteln in das Gebiet der EU. Unter bestimmten Fragestellungen wird das sogenannte innergemeinschaftliche Verbringen von Mitteln nachverfolgt oder Anwender in landwirtschaftlichen oder gärtnerischen Betrieben werden überprüft, die Pflanzenschutzmittel direkt in Mitgliedstaaten der EU oder in Drittstaaten erworben haben.

Die Häufigkeit der Kontrollen bei Handelsbetrieben richtet sich nach dem Pflanzenschutzmittelabsatz und Hinweisen aus Kontrollen der Vorjahre. Bei der Planung der Anwendungskontrollen werden die länderspezifischen Gegebenheiten berücksichtigt. Hierzu gehören beispielsweise:

- Betriebsgrößen,
- Betriebszahlen,
- Anbauschwerpunkte.

Die folgenden statistischen Angaben zur Flächennutzung und zu Betriebskennzahlen beziehen sich auf Erhebungen aus dem Jahr 2011.[1] Danach gibt es insgesamt in Deutschland rund 293.900 Betriebe der Landwirtschaft, des Gartenbaus und der Forstwirtschaft. Im Saarland findet man nur rund 1.300 Betriebe, während der Flächenstaat Bayern mit rund 96.300 Betrieben den Spitzenreiter

---

[1] Statistisches Bundesamt (2012) Statistisches Jahrbuch für die Bundesrepublik Deutschland 2012, Wiesbaden

Berichte zu Pflanzenschutzmitteln 2014, DOI 10.1007/978-3-319-24915-5_4,
© Bundesamt für Verbraucherschutz und Lebensmittelsicherheit (BVL) 2016

darstellt. Neben der Zahl der Betriebe in den einzelnen Bundesländern schwanken auch die Betriebsgrößen. Sie reichen von Flächen unter einem Hektar, die im Nebenerwerb bewirtschaftet werden, bis zu Betrieben mit mehreren tausend Hektar, vor allem in den neuen Bundesländern. Besonders deutlich werden die unterschiedlichen Betriebsgrößen, wenn man z. B. Mecklenburg-Vorpommern und Niedersachsen vergleicht. Obwohl die Landwirtschaftsfläche in Niedersachsen nur doppelt so groß ist wie in Mecklenburg-Vorpommern, gibt es in Niedersachsen neunmal mehr landwirtschaftliche Betriebe (Niedersachsen: 41.500, Mecklenburg-Vorpommern: 4.600).

Die Anzahl und Art der Kontrollen in den Bundesländern richtet sich auch nach dem Anteil der landwirtschaftlichen Fläche an der Gesamtfläche. Von der Gesamtfläche Deutschlands entfallen auf die Landwirtschaftsflächen 52 %. In Berlin liegt der Anteil der landwirtschaftlichen Nutzfläche beispielsweise nur bei rund 4 % der Landesfläche. Daher liegt hier ein Schwerpunkt auf der Kontrolle von Freilandflächen, die nicht landwirtschaftlich, forstwirtschaftlich oder gärtnerisch genutzt werden (z. B. Betriebs- oder Verkehrsflächen). Das Land mit dem größten Anteil an Landwirtschaftsflächen ist Schleswig-Holstein mit 70 %.

Die angebauten Kulturen unterscheiden sich regional ebenfalls stark. Deutlich werden diese Unterschiede z. B. bei Dauerkulturen wie Obstanlagen oder Weinreben. Obwohl bundesweit nur rund 1 % der landwirtschaftlichen Nutzfläche aus Dauerkulturen besteht, können die Obstanbaugebiete (z. B. am Bodensee oder im „Alten Land") oder die Weinbaugebiete vor Ort große Flächen einnehmen.

Neben den regionalen Besonderheiten werden bei der Planung der Kontrollen u. a. folgende Kriterien berücksichtigt:

- Hinweise auf Verstöße aus den Kontrollen der Vorjahre,
- Hinweise auf die Anwendung unzulässiger Pflanzenschutzmittel aufgrund von Rückstandsfunden der Lebensmittelüberwachung,
- Intensität des Pflanzenschutzmitteleinsatzes in den verschiedenen Kulturen,
- Änderung der Zulassungssituation von Pflanzenschutzmitteln,
- Ergebnisse aus dem Grundwassermonitoring der Bundesländer.

Zusätzlich zu länderspezifischen Kontrollplanungen werden jährlich Schwerpunkte für bundesweite Kontrollen festgelegt. Die Ergebnisse der Schwerpunktkontrollen bei der Anwendung von Pflanzenschutzmitteln des Jahres 2014 sind in den Abschnitten 6.3.1 und 6.3.2 beschrieben.

Überblick: Kontrollschwerpunkte im Pflanzenschutz-Kontrollprogramm 2004 – 2014

Die bundesweiten Schwerpunktkontrollen werden durch die Bundesländer beschlossen. Die Festlegung erfolgt beispielsweise aufgrund von Auffälligkeiten in Kontrollen der Vorjahre oder aufgrund von Hinweisen aus der Lebensmittel- oder Umweltüberwachung.

Der ausführliche Jahresbericht gewährt einen Einblick in die Kontrolltätigkeiten der Bundesländer und die (Fach-)Öffentlichkeit wird für das Thema sensibilisiert. Bei einigen Schwerpunkten wurde vereinbart, parallel zur Kontrolltätigkeit auch die Beratung bzw. die gezielte Aufklärung bestimmter Zielgruppen über das Inverkehrbringen oder die Anwendung von Pflanzenschutzmitteln zu intensivieren. Auch unabhängig von der Festlegung eines bundesweiten Themenschwerpunktes werden viele der nachfolgend genannten Kontrollen regelmäßig in den Bundesländern durchgeführt und im Jahresbericht aufgeführt. Hierzu gehören Kontrollen zur Einhaltung der Anwendungsbestimmungen und Bienenschutzbestimmungen in Abschnitt 6.3.3.4 oder die Anwendungskontrollen auf befestigten Freilandflächen und sonstigen Freilandflächen, die weder landwirtschaftlich noch forstwirtschaftlich oder gärtnerisch genutzt werden in Abschnitt 6.3.4.

Seit Bestehen des Pflanzenschutz-Kontrollprogramms gab es folgende bundesweite Kontrollschwerpunkte:

- Produktqualität von PSM: Zusammensetzung, physikalisch-chemische und technische Eigenschaften von Pflanzenschutzmitteln, die bestimmte Wirkstoffe enthalten; die Wirkstoffe werden jedes Jahr neu festgelegt (seit 2004)
- Einhaltung von Mindestabständen zu Gewässern (2005 – 2007)
- Zulässigkeit angewendeter Pflanzenschutzmittel im Beerenobst (2005 und 2006)
- Zulässigkeit angewendeter Insektizide in Gemüse und Salat (2007 – 2009)
- Anwendung von Pflanzenschutzmitteln auf nicht landwirtschaftlich/gärtnerisch genutzten Flächen (2008 – 2010)
- Zulässigkeit angewendeter Pflanzenschutzmittel in Zierpflanzen (2010 – 2012)

- Zulässigkeit angewendeter Pflanzenschutzmittel in Kernobst (2011 – 2013)
- Einhaltung von Anwendungsbestimmungen zum Gewässerschutz (2013 – 2015)
- Einhaltung von Anwendungsbestimmungen zum Bienenschutz (2014 – 2016)

4.2   Art der Kontrollen

Im Pflanzenschutz-Kontrollprogramm wird zwischen systematischen Kontrollen und Anlasskontrollen unterschieden.

Systematische Kontrollen erfolgen nach einem vorab erstellten Plan. Sie bieten die Möglichkeit, ein breites Spektrum von einzelnen Kontrolltatbeständen (z. B. bei Betriebskontrollen) sowie eng abgegrenzte Sachverhalte im Sinne einer risikobasierten Schwerpunktkontrolle (z. B. Kontrolle der Einhaltung von Verboten durch Bodenuntersuchungen nach der Anwendung) zu überprüfen. Während einige Kontrolltatbestände zu jeder Zeit überprüft werden können (z. B. Sachkunde des Anwenders oder gültige Prüfplakette auf dem Pflanzenschutzgerät), ergibt sich bei anderen Tatbeständen erst bei der Vor-Ort-Besichtigung, ob eine Kontrolle möglich ist.

Anlasskontrollen dienen dagegen der Feststellung oder Aufklärung von offensichtlichen oder vermuteten Verstößen gegen das Pflanzenschutzrecht. Hierzu gehören beispielsweise Kontrollen nach Anzeigen sowie Wiederholungskontrollen in Betrieben, bei denen Mängel bei vorherigen Inspektionen festgestellt wurden. Zeigen sich auffällige Ergebnisse bei Rückstandsuntersuchungen im Rahmen der Lebensmittelüberwachung (z. B. Nachweis von Wirkstoffen, die für den Einsatz in einer Kultur nicht zugelassen oder genehmigt sind), können zudem gezielt Kontrollen im Erzeugerbetrieb durchgeführt werden. Es liegt in der Natur der Sache, dass bei Anlasskontrollen häufiger Verstöße festzustellen sind als bei systematischen Kontrollen.

Werden bei einer systematischen Kontrolle Auffälligkeiten festgestellt, kann dies der Anlass für zusätzliche Kontrollen sein. So können z. B. in Lagern aufgefundene Pflanzenschutzmittel, deren Anwendung verboten ist, dazu führen, dass auf den betriebseigenen Flächen Bodenproben entnommen werden. Mithilfe der Analyse von Pflanzen- oder Bodenproben wird geprüft, ob eine verbotene Anwendung stattgefunden hat.

4.3   Umfang der Kontrollen

Überwachung der Zusammensetzung und der physikalischen, chemischen und technischen Eigenschaften von Pflanzenschutzmitteln

Im Handel werden stichprobenartig Proben von Pflanzenschutzmitteln entnommen und analysiert, um zu überprüfen, ob die Zusammensetzungen der Mittel den Vorgaben aus der Zulassung entsprechen. Im Jahr 2014 wurden 199 Pflanzenschutzmittel (Planproben) untersucht, die die Wirkstoffe Fluroxypyr-1-methyl-heptylester, Flufenacet, Boscalid oder Terbuthylazin enthielten. Zusätzlich wurden 15 Pflanzenschutzmittel analysiert, bei denen ein Verdacht bestand, dass die Mittelzusammensetzung von der Zulassung abweicht.

Handelsbetriebe

Im Jahr 2014 wurden 2.223 Handelsbetriebe kontrolliert. Legt man als Bezugsgröße die 11.899 Betriebe zugrunde, die ihre Handelstätigkeit ordnungsgemäß bei der Behörde angezeigt haben (Stand: April 2015), ergibt sich eine Kontrollquote von 18,7 %.

Betriebe der Landwirtschaft, der Forstwirtschaft oder des Gartenbaus

Im Jahr 2014 wurden insgesamt 5.170 Betriebe der Landwirtschaft, der Forstwirtschaft oder des Gartenbaus kontrolliert. Diese Kontrollen setzen sich aus 2.147 Betriebskontrollen und 3.215 Anwendungskontrollen zusammen. Bei diesen Kontrollen wurden 2.767 Proben (Boden, Pflanzen oder Behandlungsflüssigkeiten) untersucht. Bei 293.900 landwirtschaftlichen Betrieben in Deutschland (Stand: 2011) ergibt sich eine Kontrollquote von rund 1,8 % der Betriebe.

Anwendung von Pflanzenschutzmitteln auf befestigten Freilandflächen und sonstigen Freilandflächen, die weder landwirtschaftlich noch forstwirtschaftlich oder gärtnerisch genutzt werden

Im Jahr 2014 wurden über 1.300 Flächen, z. B. Betriebs- oder Verkehrsflächen, überprüft und 1.360 Unternehmer und 664 Privatpersonen kontrolliert.

5.1 Maßnahmen, die bei Beanstandungen getroffen werden können

Werden bei den Kontrollen Verstöße gegen das Pflanzenschutzgesetz festgestellt, stehen den Kontrollbehörden verschiedene Optionen zur Verfügung, um hierauf zu reagieren:

- Aufklärung des kontrollierten Unternehmens/der kontrollierten Person über festgestellte Mängel, verbunden mit einer Beratung über den korrekten Umgang mit Pflanzenschutzmitteln oder Pflanzenschutzgeräten.
- Verwarnung, ggf. unter Verhängung eines Verwarnungsgeldes.
- Bei Beanstandungen kann vor Ort eine Anordnung getroffen werden, um Mängel sofort abzustellen. Das kann z. B. eine Anordnung zur sofortigen Beendigung einer Anwendung eines Pflanzenschutzmittels mit einer defekten Spritze sein. Es kann auch angeordnet werden, dass ein Betrieb bestimmte Pflanzenschutzmaßnahmen vorab beim Pflanzenschutzdienst anzeigt.
- Verstöße gegen das Pflanzenschutzrecht können als Ordnungswidrigkeit verfolgt und mit einem Bußgeld bis zu einer Höhe von 50.000 € geahndet werden (§ 68 PflSchG). Pflanzen, Pflanzenerzeugnisse, Kultursubstrate, Pflanzenschutzmittel, Pflanzenstärkungsmittel und Zusatzstoffe können durch die Behörden eingezogen werden.
- In besonders schweren Fällen kann nach Strafrecht verfahren und von der Staatsanwaltschaft eine Freiheitsstrafe bis zu fünf Jahren oder eine Geldstrafe verhängt werden (§ 69 PflSchG).

Bei der Wahl der Maßnahmen werden verschiedene Faktoren berücksichtigt:

- Schwere, Ausmaß, Dauer und Häufigkeit des Verstoßes, Vorsatz oder Fahrlässigkeit,
- mögliche Folgen für die Gesundheit von Menschen und Tieren oder für die Umwelt,
- Ursache für den Verstoß, z. B. Unwissenheit, Fahrlässigkeit oder wissentliches Handeln entgegen den gesetzlichen Bestimmungen (Vorsatz). Bei besonders offensichtlichem Vorgehen oder bei wiederholt festgestellten Verstößen wird vorsatzgleiches Handeln angenommen.

Wurde ein Unternehmen beanstandet, kann eine wiederholte Kontrolle erfolgen, um zu überprüfen, ob die Mängel abgestellt wurden und entsprechend den Vorgaben des Pflanzenschutzgesetzes gehandelt wird.

Ordnungswidrigkeitsverfahren ziehen sich häufig über einen längeren Zeitraum hin, vor allem dann, wenn umfangreichere Ermittlungen zur Klärung von Tatbeständen erforderlich oder analytische Befunde oder Einspruchs- und Gerichtsverfahren anhängig sind. Die Angaben zur Höhe von erteilten Bußgeldern im Ergebnisteil dieses Jahresberichts spiegeln daher die Spannbreite aller im Kontrolljahr rechtskräftig abgeschlossenen Ordnungswidrigkeitsverfahren wider. Das bedeutet, dass einerseits die Angaben auf Bußgeldverfahren der Vorjahre beruhen können, die 2014 abgeschlossen wurden, und andererseits Ergebnisse einiger Verfahren aus dem Jahr 2014 noch nicht aufgeführt werden konnten, da diese noch nicht rechtskräftig abgeschlossen sind.

Die Anzahl der Beanstandungen in den Ergebniskapiteln enthalten auch die noch laufenden Verfahren. Nach Abschluss des Verfahrens kann sich eine zunächst angenommene Beanstandung nachträglich als nichtig herausstellen.

5.2 Weitere mögliche Konsequenzen für beanstandete Betriebe

Werden bei einem Anwender Verstöße gegen das Pflanzenschutzgesetz festgestellt, kann das zusätzlich Auswirkungen auf die Zahlung von Fördergeldern haben. Die EU gewährt Direktzahlungen, wie Basisprämien oder Junglandwirtprämien, und Zahlungen für verschiedene

Berichte zu Pflanzenschutzmitteln 2014 , DOI 10.1007/978-3-319-24915-5_5,
© Bundesamt für Verbraucherschutz und Lebensmittelsicherheit (BVL) 2016

Maßnahmen zur Entwicklung des ländlichen Raumes. Diese Agrarzahlungen sind gemäß der Verordnung (EU) Nr. 1306/2013 an die Einhaltung von Vorschriften in den Bereichen Umweltschutz, Klimawandel, guter landwirtschaftlicher und ökologischer Zustand der Flächen, Gesundheit von Mensch, Tier und Pflanze sowie Tierschutz geknüpft. Diese Verknüpfung wird als „Cross Compliance" bezeichnet. Die Cross Compliance-Vorschriften gehen von einem gesamtbetrieblichen Ansatz aus. Das bedeutet, dass ein Betrieb, der Cross Compliance-relevante Zahlungen erhält, in allen Produktionsbereichen (z. B. Ackerbau, Viehhaltung, Gewächshäuser, Sonderkulturen) und allen seinen Betriebsstätten die Cross Compliance-Vorschriften einhalten muss. Die Einhaltung der Vorschriften wird durch ein integriertes Verwaltungs- und Kontrollsystem überprüft. Grundsätzlich sollen mindestens 5 % der Antragsteller vor Ort auf die Einhaltung der Fördervoraussetzungen und aller Verpflichtungen kontrolliert werden. Bei Fahrlässigkeit findet in der Regel eine Kürzung bis 3 % (maximal 5 %) statt, bei wiederholten Verstößen bis 15 %. Bei vorsätzlichen Verstößen beträgt die Kürzung mindestens 20 % bis hin zum vollständigen Ausschluss der Beihilfen für ein oder mehrere Jahre.

Die Cross Compliance-Regelungen ersetzen jedoch nicht das Pflanzenschutz-Kontrollprogramm, in dem das Fachrecht (Pflanzenschutzrecht) überprüft wird. Wird bei einer Kontrolle im Rahmen des Pflanzenschutz-Kontroll-programms ein Verstoß festgestellt, erfolgt eine Ahndung gemäß Pflanzenschutzgesetz. Das heißt, es wird ein Ordnungswidrigkeitsverfahren eingeleitet und ein Bußgeld verhängt. Zusätzlich wird der Verstoß durch die Fachbehörde an die für die Agrarzahlungen zuständige Zahlstelle gemeldet (Cross-Check). Der Verstoß wird dann bei der Berechnung der Prämie berücksichtigt, als Prämienkürzung bzw. Rückzahlungsforderung an den Landwirt. Eine Ahndung nach dem Pflanzenschutzgesetz (als Ordnungswidrigkeit) erfolgt somit zusätzlich und unabhängig von einer Prämienkürzung.

Als Folge von Kontrollen können auch Ermittlungen auf der Grundlage weiterer Rechtsvorschriften eingeleitet werden. Die Pflanzenschutzdienste arbeiten hier beispielsweise mit Umwelt- und Naturschutzbehörden oder der Lebensmittelüberwachung zusammen.

Bei Kontrollen zum Import oder zur Durchfuhr/Transit von Pflanzenschutzmitteln können Verstöße gegen Kennzeichnungsvorschriften oder das Patentrecht aufgedeckt werden, deren weitere Verfolgung und Ahndung an die für das Chemikalienrecht zuständigen Behörden oder an die Staatsanwaltschaft abgegeben werden können. Ermittlungen beim gewerbsmäßigen Handel mit illegalen Pflanzenschutzmitteln werden in Zusammenarbeit mit der Polizei durchgeführt und ggf. an die Staatsanwaltschaft übergeben.

6.1 Überwachung der Zusammensetzung und der physikalischen, chemischen und technischen Eigenschaften von Pflanzenschutzmitteln

Die Pflanzenschutzdienste der Bundesländer entnehmen Pflanzenschutzmittelproben im Handel, die durch das BVL analysiert werden. Untersucht wird, ob

- Wirkstoffgehalt,
- Gehalte an Beistoffen,
- Verunreinigungen und Fremdstoffe sowie
- physikalische, chemische und technische Eigenschaften

den bei der Zulassung bzw. bei der Genehmigung für den Parallelhandel zugrunde gelegten Angaben zur Zusammensetzung und den einzuhaltenden Bedingungen entsprechen. Dadurch soll zum einen geprüft werden, ob die im Handel befindlichen Pflanzenschutzmittel zulassungskonform sind bzw. von der Genehmigung für den Parallelhandel abgedeckt sind, und zum anderen, ob produktionsbedingte oder lagerungsbedingte Qualitätsmängel auftreten.

Bei der Probenahme und Bewertung der Ergebnisse werden Plan- und Verdachtsproben getrennt betrachtet. Die Untersuchung von Planproben stellt eine systematische Kontrolle dar. Dabei wird vorab im Kontrollprogramm die Anzahl der zu untersuchenden Pflanzenschutzmittelgebinde festgelegt und abgestimmt, welche Wirkstoffe in den Mitteln enthalten sind bzw. auf welche Parameter untersucht wird. Verdachtsproben hingegen stellen Anlasskontrollen dar, die nicht geplant werden können. Es werden beispielsweise Pflanzenschutzmittel analysiert, die einen Schaden verursacht haben oder eine mangelnde Wirksamkeit aufweisen. Im Rahmen der Kontrolltätigkeit oder aufgrund von Hinweisen von Anwendern, Händlern, Zulassungsinhabern oder Behörden werden Proben von verdächtigen Pflanzenschutzmitteln genommen und analysiert. Anzeichen für unzulässige oder gefälschte Pflanzenschutzmittel ergeben sich z. B. aus Abweichungen bei den Mitteleigenschaften (Farbe, Konsistenz), einer verdächtigen Kennzeichnung oder Verpackung, dubiosen Handelswegen oder Bezugsquellen. Der Untersuchungsumfang und die verwendeten Methoden sind von der Fragestellung abhängig und werden für jede Verdachtsprobe individuell festgelegt.

6.1.1 Pflanzenschutzmittel, die bestimmte Wirkstoffe enthalten (Planproben)

Im Bereich der Verkehrskontrollen wurde für das Jahr 2014 festgelegt, dass stichprobenartig die Zusammensetzung von Pflanzenschutzmitteln im Handel untersucht wird, die den Wirkstoff Boscalid oder Flufenacet enthalten. Es sollten dabei sowohl zugelassene Originalmittel als auch parallel gehandelte Pflanzenschutzmittel überprüft werden. Zusätzlich wurde auch die Untersuchung eines bestimmten Fluroxypyr-1-methyl-heptylester-haltigen und eines bestimmten Terbuthylazin-haltigen Pflanzenschutzmittels vereinbart, die in einem der früheren Kontrolljahre auffällig waren. Die Kontrollen sollten sich nur auf das jeweilige Originalmittel beziehen, welches zu einem früheren Zeitpunkt auffällig geworden war.

Für diese Kontrollen wurden von den Bundesländern Pflanzenschutzmittelpackungen im Groß- und Einzelhandel entnommen, an das Referat „Produktchemie und Analytik" des BVL gesandt und im dortigen Labor für Formulierungschemie untersucht. Die Planproben wurden je nach Formulierung auf die folgenden Prüfparameter untersucht:

- Wirkstoffgehalt
- Gehalt der Beistoffsubstanz Naphthalin
- Gehalt der relevanten Verunreinigung Atrazin
- Aussehen, Farbe
- Homogenisierbarkeit
- bei flüssigen Formulierungen: Dichte als aussagekräftiges Identitätskriterium
- bei Emulsionskonzentraten: Emulsionsstabilität als aussagekräftiges Kriterium

Berichte zu Pflanzenschutzmitteln 2014 , DOI 10.1007/978-3-319-24915-5_6,
© Bundesamt für Verbraucherschutz und Lebensmittelsicherheit (BVL) 2016

Von den insgesamt 199 untersuchten Planproben stammten 7 Proben aus dem Parallelhandel (3,5 %). Im Jahr 2013 betrug der Anteil des Parallelhandels am Inlandsabsatz von Pflanzenschutzmitteln 7,1 %.

Ergebnis der Untersuchungen

Sowohl bei den 109 untersuchten Flufenacet-haltigen Pflanzenschutzmitteln als auch bei den 7 untersuchten Fluroxypyr-1-methyl-heptylester-haltigen Pflanzenschutzmitteln wurden weder Abweichungen im Wirkstoffgehalt noch im Gehalt der untersuchten Beistoffe und Verunreinigungen oder bei den untersuchten physikalischen, chemischen oder technischen Prüfparametern festgestellt.

Bei den 69 untersuchten Boscalid-haltigen Pflanzenschutzmitteln wurde bei einer Probe eine Abweichung im Wirkstoffgehalt festgestellt. Eine weitere Boscalid-haltige Pflanzenschutzmittelprobe konnte nicht homogenisiert werden, wobei entsprechend der BVL-Veröffentlichung „Homogenisierbarkeit von flüssigen Pflanzenschutzmitteln" (BVL-Homepage www.bvl.bund.de > Pflanzenschutzmittel > Aufgaben im Bereich Pflanzenschutzmittel > Produktchemie > Labor für Formulierungschemie) verfahren wurde. Da eine repräsentative Probenahme aus dem Pflanzenschutzgebinde nicht möglich war, erfolgten an dieser Probe keine weiteren Untersuchungen.

Bei den 14 untersuchten Terbuthylazin-haltigen Pflanzenschutzmitteln wurde bei einer Probe eine Abweichung im Gehalt der untersuchten Wirkstoffverunreinigung Atrazin festgestellt.

Die Zusammensetzung von 196 der untersuchten Planproben entsprach auf Basis der analysierten Prüfparameter den gesetzlichen Vorgaben (siehe Tab. 6.1 und 6.2). Daraus ergibt sich eine Mängelquote von 1,5 % (siehe Tab. 6.1).

Die in Tabelle 6.1 genannten Quoten haben aufgrund der zugrunde gelegten geringen Probenzahlen keine statistische Aussagekraft, sondern geben nur einen Trend wieder.

6.1.2 Verdachtsproben

Werden von den Bundesländern im Rahmen von Anlasskontrollen im Großhandel, im Einzelhandel oder auf der Erzeugerstufe oder auch bei der Prüfung von Beschwerden Auffälligkeiten oder Unregelmäßigkeiten festgestellt, können im Zusammenhang mit der amtlichen Überwachung Verdachtsproben genommen und zur Untersuchung an das BVL geschickt werden. Im Jahr 2014 wurden insgesamt 15 Verdachtsproben im BVL analysiert. Die Pflanzenschutzmittel enthielten 15 verschiedene Wirkstoffe: Chlormequatchlorid, Chlorsulfuron, Clomazone, Cyproconazol, Dithianon, Ethephon, Folpet, Flufenacet, Glyphosat, Imidacloprid Thiacloprid, Pendimethalin, Prohexadion (als Kalziumsalz), Propiconazol und Thifensulfuron.

Im Einzelfall wurde entschieden, welche Parameter zur Klärung des Verdachtes zu untersuchen waren. In den meisten Fällen waren dies Wirkstoffgehalte, Wirkstoffverunreinigungen und Fremdstoffe sowie bei flüssigen Formulierungen die Dichte. Je nach Fragestellung wurden als weitere Parameter der Gehalt an ausgesuchten Beistoffen wie Lösungsmittel und physikalische, chemische und technische Eigenschaften wie Emulsionsstabilität, pH-Wert, Oberflächenspannung, Suspendierbarkeit oder Schaumbeständigkeit untersucht.

Ergebnis der Untersuchungen

Aufgrund eines Verdachtes wurden 15 Pflanzenschutzmittelgebinde untersucht. Davon wiesen 10 Gebinde Mängel auf.

Ein Pflanzenschutzmittel wurde wegen nicht bekannter Kulturunverträglichkeit bei der Anwendung untersucht. Es konnten Abweichungen in der Zusammensetzung gegenüber den Bedingungen der Zulassung festgestellt werden. Ob diese Abweichungen für die festgestellte Kulturunverträglichkeit verantwortlich waren, konnte nicht abschließend eruiert werden.

Ein weiteres Pflanzenschutzmittel wurde aufgrund von Schäden an Bienen untersucht. Hier konnten keine unzulässigen Abweichungen gegenüber der Zulassung festgestellt werden.

Zudem wurden dem BVL 5 zugelassene Mittel aufgrund eines Verdachtes auf fehlerhafte Zusammensetzung übergeben. Bei diesen Proben waren die Wirkstoffgehalte sowie Gehalte an Verunreinigungen zu untersuchen. Dabei wurde bei Captan-haltigen Mitteln die Verunreinigung an Folpet bestimmt. Bei einem Herbizid wurde auf Verunreinigung mit anderen Herbiziden untersucht sowie bei 2 weiteren Pflanzenschutzmitteln auf Verunreinigung mit Chlorpyrifos und Iprodion. Eines der untersuchten Pflanzenschutzmittel erwies sich wegen eines überhöhten Wirkstoffgehaltes als nicht verkehrsfähig.

Eine Verdachtsprobe betraf ein parallel gehandeltes Mittel, von dem Ware im Handel festgesetzt worden war. Das Mittel war als solches nicht verkehrsfähig, da die aufgedruckte GP-Nummer nicht mehr gültig war. Bei dieser Probe wurde zudem ein zu hoher Gehalt an der relevanten Verunreinigung 1,2-Dichlorethan festgestellt.

Ein Bündel von 6 Pflanzenschutzmitteln sowie ein weiteres Pflanzenschutzmittel wurden zur Untersuchung eingeschickt, weil die Mittel in Deutschland weder zugelassen noch genehmigt waren. Da die 6 Pflanzenschutzmittel ursprünglich aus Polen kommen sollten, wurde von der polnischen Zulassungsbehörde die jeweilige dort registrierte Zusammensetzung zur Verfügung gestellt. In einem Fall war das Pflanzenschutzmittel nicht mehr homogenisierbar, weshalb die Probe nicht untersucht werden konnte. Die Untersuchungen von 2 der Proben ergaben keine unzulässigen Abweichungen von den deklarierten Wirkstoffgehalten. Auch die Höchstgrenzen der untersuchten Verunreinigungen wurden eingehalten. Bei den 3 weiteren Proben wurden zwar ebenfalls keine Abweichungen von den deklarierten Wirkstoffgehalten festgestellt, jedoch unzulässig hohe Gehalte für verschiedene Fremdstoffe sowie teilweise Abweichungen bei den Beistoffen sowie den physikalischen, chemischen und technischen Parametern. Bei dem einzeln eingeschickten Pflanzenschutzmittel wurden keine Abweichungen im Wirkstoffgehalt gegenüber den Angaben auf der Verpackung festgestellt. Insgesamt sind jedoch alle 7 Proben als nicht verkehrsfähig einzustufen, da sie über keine Zulassung bzw. Parallelhandelsgenehmigung verfügen.

6.1.3 Tabellarische Übersicht der Analysen und Ergebnisse

In Tabelle 6.1 ist aufgeschlüsselt, wie sich die 214 kontrollierten Pflanzenschutzmittelgebinde auf die unterschiedlichen Probenarten verteilen. Den größeren Anteil bilden die Planproben, die die Wirkstoffe Boscalid, Flufenacet, Fluroxypyr-1-methyl-heptylester oder Terbuthylazin enthielten. Aufgrund eines Verdachts oder

Tab. 6.1 Prüfung auf Produktqualität im Jahr 2014 – Übersicht der Proben mit Mängeln in der Zusammensetzung und Beschaffenheit

	Kontrollen	Mängel (prozentual)
Anzahl untersuchter Wirkstoffe	18	–
Anzahl untersuchter Pflanzenschutzmittel	214	13 (6,1 %)
davon systematische Kontrollen (Planproben)	199	3 (1,5 %)
davon zugelassene Mittel	192	3 (1,6 %)
davon parallel gehandelte Mittel	7	0 (0 %)
davon Anlasskontrollen (Verdachtsproben)	15	10 (66,7 %)
davon aufgrund von Schäden	2	1 (50,0 %)
davon Verdacht auf fehlerhafte Zusammensetzung zugelassener Mittel	5	1 (20,0 %)
davon Verdacht auf illegalen (Parallel)handel	8	8 (100 %)

konkreten Anlasses wurden 15 Pflanzenschutzmittel untersucht. Tabelle 6.2 gibt einen Überblick über durchgeführte Analysen und beanstandete Parameter.

Tab. 6.2 Durchgeführte Analysen und festgestellte Abweichungen von den Zulassungsdaten bei Proben aus dem Pflanzenschutz-Kontrollprogramm im Jahr 2014

Analysenparameter	Planproben		Verdachtsproben	
	Analysen	Mängel	Analysen	Mängel
Art des Wirkstoffs[a]	198	0	17	0
Gehalt des Wirkstoffs[a]	198	1	17	1
Verunreinigungen/ Fremdstoffe	14	1	209	15
Beistoffe	49	0	5	4
phys., chem., techn. Eigenschaften	339	0	48	3
Homogenisierbarkeit	110	1	8	1
Screening (GC/MS)	0	0	3	0
Insgesamt[a]	710	3	282	24

[a] Die qualitative und quantitative Bestimmung des Wirkstoffs gilt als eine Bestimmung pro Probe.

6.2 Verkehrskontrollen (Kontrollen im Handel)

Die Verkehrskontrollen erfolgen in der Regel unangemeldet. Überprüft werden Geschäfte des Groß- und Einzelhandels aber auch der Versand- und Onlinehandel. Inspektoren der Pflanzenschutzdienste kontrollieren Geschäftsräume und Pflanzenschutzmittelläger, recherchieren Angebote von Pflanzenschutzmitteln im Internet, begutachten Printmedien wie Firmenkataloge oder Anzeigen von Pflanzenschutzmitteln in Zeitungen, besuchen Messen und Verkaufsveranstaltungen. Im Rahmen der Überwachungstätigkeit werden Verkäufer und Betriebsinhaber befragt, Verkaufsgespräche beobachtet oder auch Testkäufe durchgeführt und Geschäftsunterlagen gesichtet. Es wird überprüft, ob die Verkäufer die gesetzlichen Anforderungen hinsichtlich der Sachkunde und Unterrichtungspflicht erfüllen und ob die Vorgaben beim Verkauf von Pflanzenschutzmitteln, wie die Einhaltung des Selbstbedienungsverbotes oder das Anbieten nur zulässiger Pflanzenschutzmittel, eingehalten werden. Beim Händler wird die Lagerung und Dokumentation über gehandelte Pflanzenschutzmittel gesichtet. In Onlineangeboten oder Katalogen wird zusätzlich überprüft, ob die Produktbeschreibung ausreichend ist und nur mit zulässigen Aussagen geworben wird. Bei der Einfuhr von Pflanzenschutzmitteln in die Europäische Union arbeitet der Zoll eng mit den Pflanzenschutzdiensten zusammen.

Die Summenangaben im vorliegenden Bericht beziehen sich auf die einzelnen überprüften Tatbestände. Sie korrespondieren daher nicht mit der Gesamtzahl der kontrollierten Betriebe. So können in einem gut bekannten Betrieb die angebotenen Pflanzenschutzmittel überprüft worden sein, ohne dass die Einhaltung der Anzeigepflicht kontrolliert worden ist.

Im Jahr 2014 wurden insgesamt 2.223 Betriebe kontrolliert. Bei 11.899 angezeigten Betrieben (Stand: April 2015) ergibt sich eine Kontrollquote von 18,7 %. Die Kontrollen erfassen einen großen Anteil der Handelsbetriebe, um besonders dem Risiko des Einkaufs und des Anwendens nicht zugelassener Pflanzenschutzmittel entgegenzuwirken. Damit nehmen die Kontrollen der Handelsbetriebe eine Schlüsselstellung im Pflanzenschutz-Kontrollprogramm ein.

6.2.1 Verkauf nur von zugelassenen Pflanzenschutzmitteln

Pflanzenschutzmittel dürfen nur in den Verkehr gebracht werden, wenn sie vom BVL zugelassen sind. Über die Zulassungsnummer kann festgestellt werden, ob ein Pflanzenschutzmittel zugelassen ist, der Abverkaufsfrist unterliegt oder nicht mehr gehandelt werden darf. Für Ware, die sich zum Zeitpunkt des Zulassungsendes bereits im freien Verkehr befunden hat, gilt ab dem Datum des Zulassungsendes eine sechsmonatige Abverkaufsfrist, es sei denn, die Zulassung wurde von Amts wegen widerrufen. Die Zulassung wurde bisher in der Regel für 10 Jahre ausgesprochen. Mit Inkrafttreten der Verordnung (EG) Nr. 1107/2009 ist die Zulassungsdauer eines Mittels an die Dauer der Wirkstoffgenehmigung gekoppelt. Pflanzenschutzmittel, die in anderen Mitgliedstaaten der EU zugelassen sind und mit hier zugelassenen Mitteln identisch sind, benötigen eine Genehmigung des BVL, wenn sie parallel gehandelt werden. Die Genehmigungsnummer setzt sich aus der Zulassungsnummer des Referenzmittels, einem Schrägstrich sowie einer dreistelligen Nummer, die der eindeutigen Identifizierung dient, zusammen.

Die Überprüfung des Verkaufs nur zugelassener Pflanzenschutzmittel hat einen hohen Stellenwert im Pflanzenschutz-Kontrollprogramm. Damit wird sichergestellt, dass nur Pflanzenschutzmittel abgegeben werden, deren Zusammensetzungen geprüft wurden. Im Zulassungsverfahren werden Mittel auf ihre Sicherheit für den Anwender, die Wirksamkeit gegenüber Schadorganismen, die Verträglichkeit für Kulturpflanzen, die Unbedenklichkeit hinsichtlich möglicher Auswirkungen auf den Naturhaushalt und das Grundwasser sowie auf den Verbraucher untersucht. Bei der erneuten Zulassung eines Pflanzenschutzmittels müssen die Zulassungsvoraussetzungen erfüllt werden, die regelmäßig an den aktuellen Stand von Wissenschaft und Technik angepasst werden. Oftmals besitzen neu zugelassene Pflanzenschutzmittel veränderte Zusammensetzungen und die Gebrauchsanleitungen müssen die aktuell geltenden Anwendungsgebiete und -bestimmungen enthalten.

In Tabelle 6.3 ist die Anzahl der Betriebe aufgeführt, in denen die Zulassung der angebotenen Mittel überprüft wurde sowie die Anzahl der beanstandeten Betriebe. Es wurde in 1.995 Betrieben überprüft, ob nur verkehrsfähige Pflanzenschutzmittel, Pflanzenstärkungsmittel und Zusatzstoffe vertrieben werden. Bei insgesamt 23,6 % der Betriebe wurden Verstöße festgestellt (2013: 24,8 %) und Bußgelder bis zu 5.000 € festgesetzt. Insgesamt wurden rund 81.000 Mittel kontrolliert und 1.241 Mittel (1,5 %) beanstandet (2013: 1,6 %). Bei einem großen Anteil der beanstandeten Mittel war die Zulassung vor Kurzem (kürzer als ein Jahr) ausgelaufen und die Gebinde wurden nicht deutlich getrennt („Sperrlager") von den zugelassenen Produkten gelagert.

Tab. 6.3 Kontrollen zur Verkehrsfähigkeit von Pflanzenschutzmitteln, Pflanzenstärkungsmitteln und Zusatzstoffen sowie zu Einfuhrverboten für Saat- und Pflanzgut im Jahr 2014

	Kontrollen	Beanstandungen (prozentual)
Anzahl Betriebe	1.995	471 (23,6 %)
davon systematische Kontrollen	1.931	436 (22,6 %)
davon Anlasskontrollen	64	35 (54,7 %)
Anzahl Mittel	81.092	1.241 (1,5 %)
davon systematische Kontrollen	79.817	1.202 (1,5 %)
davon Anlasskontrollen	1.275	39 (3,1 %)

Zusätzlich zu den Handelsbetrieben wurden Internetangebote überprüft. Hierzu gehört beispielsweise die Sichtung der Angebote von Auktionshäusern, auf Handelsplattformen oder auf Internetseiten einzelner Händler.

Fazit aus den Kontrollen zum Verkauf von Pflanzenschutzmitteln (2004 – 2014)
Im Pflanzenschutz-Kontrollprogramm wird der Handel intensiv überwacht. Es wird geprüft, ob ein Händler nur zugelassene Pflanzenschutzmittel verkauft. Bei der Kontrolle wird davon ausgegangen, dass alle Pflanzenschutzmittel für eine Abgabe vorgesehen sind, die sich in einer Verkaufsvitrine oder in einem Lager befinden und nicht deutlich

abgetrennt gelagert werden bzw. als nicht zugelassen gekennzeichnet sind. Jährlich werden knapp 20 % der Händler kontrolliert. Bei Beanstandungen werden Ordnungswidrigkeitsverfahren eröffnet und Bußgelder verhängt.

Ursachen für Beanstandungen

Aus den Jahresberichten des Zeitraums 2004 bis 2014 geht hervor, dass jährlich 20 bis 30 % der kontrollierten Betriebe beanstandet wurden, da sie mindestens ein Mittel im Angebot hatten, dessen Verkauf nicht mehr zulässig war. Hierbei ist zu beachten, dass nicht nur die Abgabe von Pflanzenschutzmitteln kontrolliert wurde, sondern auch der Verkauf von Pflanzenstärkungsmitteln und Zusatzstoffen. Einige Verstöße lassen sich auf die Nichtbeachtung neuer Rechtsvorschriften zurückführen:

- Seit dem Jahr 2009 ist es Pflicht, Pflanzenschutzmittel mit dem Produktionsdatum und einer achtstelligen statt einer sechsstelligen Zulassungsnummer zu kennzeichnen. Bei Pflanzenschutzmitteln, die nach Zeitablauf erneut zugelassen werden, ist der Verkauf von Verpackungen der vorherigen Generation nicht mehr zulässig (Ausnahme seit Juni 2011: Verkauf innerhalb einer sechsmonatigen Abverkaufsfrist). Durch diese Regelung wird gewährleistet, dass nur Verpackungen in den Verkauf gelangen, die hinsichtlich ihrer stofflichen Zusammensetzung und der Kennzeichnung (Anwendungsgebiete und -bestimmungen usw.) der aktuellen Zulassung entsprechen. Beanstandungen können sich aus dem Verkauf von Pflanzenschutzmitteln einer alten Generation ergeben.
- Seit Februar 2012 gelten für Pflanzenstärkungsmittel neue Kriterien, die beim Vertrieb und der Anzeige des Vertriebs beim BVL erfüllt sein müssen. Pflanzenstärkungsmittel, die vor dem 14. Februar 2012 beim BVL gelistet waren, durften nur noch bis zum 14. Februar 2013 verkauft werden. Im Jahr 2013 wurden im Handel verstärkt Pflanzenstärkungsmittel beanstandet, deren Abgabe nicht (mehr) zulässig war.
- Im Handel werden Chemikalien oder Biozide angeboten, die als Pflanzenschutzmittel beworben werden. Der Vertrieb dieser Mittel wird als Verkauf nicht zugelassener Pflanzenschutzmittel angesehen und beanstandet.
- In Onlineshops, Auktionshäusern oder auf Handelsplattformen im Internet werden immer mehr Pflanzenschutzmittel zum Kauf angeboten. Verstöße ergeben sich durch Angebote nicht zugelassener Pflanzenschutzmittel, teilweise auch von Privatpersonen.
- Der Verkauf von parallel gehandelten Pflanzenschutzmitteln (früher „Parallelimporte") hat seit 2008 deutlich zugenommen und hat heute einen Anteil von ca. 7 % am Gesamthandelsvolumen. Die Voraussetzungen, die ein legal parallel gehandeltes Pflanzenschutzmittel erfüllen muss, haben sich in den letzten 10 Jahren mehrfach geändert und sind erst seit 2011 europaweit einheitlich. Das führte zu Beanstandungen im Handel, da Pflanzenschutzmittel angeboten wurden, die nicht die gesetzlichen Anforderungen erfüllen. In einigen Fällen wurden auch Produktfälschungen vorgefunden. In der letzten Zeit hat die Direktvermarktung stark zugenommen, sodass parallel gehandelte Pflanzenschutzmittel nur noch in geringem Umfang bei stationären Händlern vorgefunden werden.

Bei einer genaueren Betrachtung der Verstöße stellt sich heraus, dass insbesondere der Verkauf von Pflanzenschutzmitteln beanstandet wurde, deren Zulassungen innerhalb der letzten 12 Monate ausgelaufen waren. Auch gab es Anzeichen dafür, dass in Geschäften, in denen der Verkauf von Pflanzenschutzmitteln nur einen geringen Umfang des Geschäftsvolumens ausmacht, öfter nicht mehr zugelassene Pflanzenschutzmittel aufzufinden waren. Durch den geringen Durchsatz bleiben „Ladenhüter" liegen und das Personal widmet der Pflege/Aktualität des Sortiments nicht immer die erforderliche Aufmerksamkeit.

Bisherige Maßnahmen zur Reduzierung der Verstöße

Zur besseren und schnellen Information von Händlern und Anwendern stellt das BVL auf seiner Homepage eine Datei mit Übersichten zur Verfügung, in denen der Zulassungsstand, das Zulassungsende und die Abverkaufsfrist von Pflanzenschutzmitteln aufgeführt sind. Das BVL bietet darüber hinaus einen E-Mail-Newsletter an, der über aktuelle Entscheidungen, z. B. über den Widerruf einer Zulassung eines Pflanzenschutzmittels, informiert (ein Widerruf führt zu einem Verkaufsverbot). Großhändler und Handelsketten nutzen teilweise auch den Service des BVL, die Zulassungsdaten in elektronischer Form zu beziehen, um Informationen über das Zulassungsende intern oder an Kunden weiterzugeben oder in das elektronisch geführte Lagerhaltungssystem einzuspeisen, sodass Ware automatisch für eine Abgabe gesperrt wird.

Weitreichende Änderungen im Pflanzenschutzrecht durch das Inkrafttreten der Verordnung (EG) Nr. 1107/2009 am 14. Juni 2011 und die Novellierung des Pflanzenschutzgesetzes gaben Anlass zur Hoffnung, dass diese sich positiv auf die Beanstandungsraten im Handel auswirken, denn es wurden gezielt einige Maßnahmen ergriffen:

- 2011 wurde eine 6-monatige Abverkaufsfrist nach Zeitablauf eingeführt, mit der Lagerbestände im Handel nun legal aufgebraucht werden können. Damit hat der Händler einen Puffer von 6 Monaten ab dem regulären Zulassungsende.
- Händler müssen seit 2011 Aufzeichnungen über die Pflanzenschutzmittel führen, die sie lagern und verkaufen. Dies geschieht in der Regel elektronisch und oftmals in Kombination mit einem Lagerhaltungssystem. Das elektronische Dokumentationssystem könnte genutzt werden, um bei Lagerbeständen das Datum des Zulassungsendes bzw. des Endes der Abverkaufsfrist zu hinterlegen und diese Mittel dann für eine Abgabe zu sperren.

Vorschläge für weitere Maßnahmen

Trotz der genannten Maßnahmen sind die Beanstandungsraten in den letzten Jahren nicht gesunken. Aus Sicht der Kontrollbehörden der Länder wären die folgenden Maßnahmen geeignet, um den Handel hinsichtlich des Verkaufs nicht zulässiger Pflanzenschutzmittel zu sensibilisieren:

- Eine Konkretisierung der Aufzeichnungspflicht für Händler durch gesetzliche Vorgaben wie im Anwenderbereich wäre sinnvoll. Aus den Aufzeichnungen muss eindeutig hervorgehen, welche Pflanzenschutzmittel bezogen und gehandelt werden. Die verbindliche Angabe der achtstelligen Zulassungsnummer, des Mittelnamens und der Mengen auf Bestell- und Lieferscheinen und im Warenmanagementsystem könnten ein Durchmischen von Mitteln mit abgelaufenen und bestehenden Zulassungen vermeiden und eine lückenlose Rückverfolgbarkeit von Lieferketten ermöglichen. Bei parallel gehandelten Pflanzenschutzmitteln müssten die Aufzeichnungen zusätzlich die Genehmi-

gungsnummer und die Chargennummer enthalten.
- Verstärkte Aufklärung von Händlern, insbesondere bei reinem Online- und Versandhandel, über die bestehenden Anforderungen beim Verkauf von Pflanzenschutzmitteln.
- Intensive Kontrolle des Internethandels unter Nutzung professioneller Rechercheprogramme und -methoden.
- Erwägen einer strengeren Ahndung beim Inverkehrbringen nicht zugelassener Pflanzenschutzmittel.
- Verstärktes Vorgehen gegen gehandelte Biozide und Chemikalien, die in unzulässiger Weise als Pflanzenschutzmittel beworben werden, oder gegen Betreiber von Internetseiten, die Mittel oder Chemikalien zur Bekämpfung z. B. von Unkräutern, Insekten oder Nagetieren empfehlen, die nicht zugelassen sind.

6.2.2 Beseitigungspflicht für verbotene Pflanzenschutzmittel

Seit dem Jahr 2008 unterliegen jene Pflanzenschutzmittel einer Beseitigungspflicht, deren Anwendung gemäß der Pflanzenschutz-Anwendungsverordnung vollständig verboten ist oder die einen Wirkstoff enthalten, der in der EU nicht für die Verwendung in Pflanzenschutzmitteln genehmigt ist. Solche Pflanzenschutzmittel müssen nach § 15 PflSchG unverzüglich aus dem Lager entfernt und ordnungsgemäß entsorgt werden. Die Beseitigungspflicht wurde eingeführt, um eine versehentliche oder missbräuchliche Anwendung nicht mehr zugelassener Pflanzenschutzmittel zu vermeiden. Auf der Homepage des BVL (http://www.bvl.bund.de/infopsm) ist eine Übersichtsliste veröffentlicht, in der für Pflanzenschutzmittel mit abgelaufener Zulassung vermerkt ist, ob für sie die Beseitigungspflicht gilt.

Tabelle 6.4 zeigt, dass in 1.658 Betrieben des Groß- und Einzelhandels Kontrollen zur Einhaltung der Beseiti-

Tab. 6.4 Kontrollen im Handel zur Einhaltung der Beseitigungspflicht von verbotenen Pflanzenschutzmitteln im Jahr 2014

	Kontrollen	Beanstandungen (prozentual)
Anzahl Betriebe	1.658	25 (1,5 %)
davon systematische Kontrollen	1.626	24 (1,5 %)
davon Anlasskontrollen	32	1 (3,1 %)

gungspflicht in Pflanzenschutzmittellagern durchgeführt wurden. In 25 Betrieben (1,5 %) wurden Pflanzenschutzmittel vorgefunden, die der Beseitigungspflicht unterliegen (2013: 3,6 %). Hier wurde die sofortige Beseitigung angeordnet. Es wurden Verwarnungsgelder bis 35 € erhoben.

6.2.3   Kennzeichnung von Pflanzenschutzmitteln

Sämtliche vorgeschriebenen Angaben müssen grundsätzlich auf den Behältnissen und abgabefertigen Packungen stehen. Während in der Regel alle kontrollierten Mittel auf ihren Zulassungsstatus überprüft werden, kann eine Überprüfung der Kennzeichnung mit ihren umfangreichen Angaben nur stichprobenartig erfolgen. Bei einem Teil der Gebinde erfolgt eine Komplettprüfung der aufgedruckten Kennzeichnung.

Wie in Tabelle 6.5 aufgeführt, wurden 52.328 Pflanzenschutzmittelgebinde hinsichtlich der Kennzeichnung kontrolliert und 341 Mittel (0,7 %) beanstandet (Vorjahr: 0,6 %). Es wurden Bußgelder bis 4.500 € erhoben. Die Kontrollen schließen die detaillierte Prüfung von 752 Mitteln ein, bei der der gesamte Text auf der Gebrauchsanleitung durchgesehen wird. Bei den Komplettprüfungen sind daher höhere Beanstandungsquoten zu erwarten (21,3 %).

Tab. 6.5 Kontrollen zur Kennzeichnung von Pflanzenschutzmitteln im Jahr 2014

	Kontrollen	Beanstandungen (prozentual)
Anzahl Pflanzenschutzmittel-gebinde	52.328	341 (0,7 %)
davon systematische Kontrollen	51.475	325 (0,6 %)
davon Anlasskontrollen	853	16 (1,9 %)
davon Komplettprüfung	752	160 (21,3 %)

Über die Laufzeit einer Zulassung eines Pflanzenschutzmittels sind Änderungen von Anwendungsgebieten, Anwendungsbestimmungen oder Auflagen möglich und müssen bei der Anwendung beachtet werden. Händler sollten möglichst geringe Mittelmengen im Lager vorrätig halten und zeitnah zum Produktionsdatum verkaufen. Vor einer Abgabe sollte die Kennzeichnung hinsichtlich ihrer Aktualität geprüft werden. Eine Umetikettierung oder Ergänzung der Kennzeichnung eines Pflanzenschutzmittelgebindes durch Aufkleber, die der Zulassungsinhaber bereitstellt, ist zulässig. Auch der Anwender muss sich vor dem Gebrauch über den aktuellen Zulassungsstand informieren, da er bei einer Nichtbeachtung eine Ordnungswidrigkeit begeht.

6.2.4   Selbstbedienungsverbot

Pflanzenschutzmittel dürfen nicht durch Automaten oder durch andere Formen der Selbstbedienung in den Verkehr gebracht werden. Das Selbstbedienungsverbot gilt für alle Handelsstufen. Dieses Verbot ist dann nicht beachtet, wenn sich der Kunde Mittel selbst aus dem Regal oder Lager holen kann, ohne dabei in Ladenbereiche zu gelangen, die für ihn gesperrt sind. Bei der Kontrolle wird überprüft, ob die Aufstellflächen für Pflanzenschutzmittel diesen Anforderungen genügen. Die Ergebnisse sind in Tabelle 6.6 aufgeführt.

Tab. 6.6 Kontrollen zum Selbstbedienungsverbot für Pflanzenschutzmittel im Jahr 2014

	Kontrollen	Beanstandungen (prozentual)
Anzahl Betriebe	1.929	116 (6,0 %)
davon systematische Kontrollen	1.876	98 (5,2 %)
davon Anlasskontrollen	53	18 (34,0 %)

Insgesamt wurden 1.929 Betriebe kontrolliert. Die Gesamtbeanstandungsquote von 6,0 % im Jahr 2014 liegt unter der des Vorjahres mit 6,2 %. Aufgrund der Beanstandungen wurden Bußgelder in einer Höhe bis zu 250 € festgesetzt.

Einige Verstöße lassen sich auf den Verkauf von Pflanzenschutzmitteln in speziellen Verkaufsdisplays zurückführen (siehe Jahresbericht 2013, Abschn. 6.2.4). Hierbei werden ein oder mehrere Pflanzenschutzmittel eines Herstellers für Anwendungen im Haus- und Kleingarten an möglichst zentraler Stelle ausgestellt. Aufgrund ihrer Konstruktion oder des verwendeten Materials (Pappe, Plastikfolie) ist bei einigen Modellen nach einiger Zeit nicht mehr zuverlässig gewährleistet, dass Selbstbedienung durch den Kunden ausgeschlossen ist. Die Händler sind dafür verantwortlich, dass eine Lagerung in verschlossenen Schränken erfolgt. Bei Mängeln an Displays müssen diese entfernt oder ausgetauscht werden.

6.2.5   Anzeigepflicht von Handelsbetrieben

Der Anzeigepflicht nach § 24 PflSchG unterliegen alle Betriebe, die Pflanzenschutzmittel zu gewerblichen Zwecken oder im Rahmen sonstiger wirtschaftlicher Unternehmungen in den Verkehr bringen, zu gewerblichen Zwecken einführen oder in der EU transportieren wollen, z. B. Landhandel, Genossenschaften, Bezugsgemeinschaften, Floristen- und Drogistenbedarf, Gartencenter, Blumenläden, Baumärkte, Haushaltswarengeschäfte, Drogerien, Apotheken. Die Anzeigepflicht umschließt auch die Vermittlung und sonstige Hilfsleistungen bei einer der genannten Tätigkeiten. Die Anzeigepflicht gilt nicht für Landwirte, die Pflanzenschutzmittel nur für den eigenen Betrieb in einem anderen Mitgliedstaat der Europäischen Gemeinschaft erwerben. Vor diesem sogenannten innergemeinschaftlichen Verbringen gemäß § 51 PflSchG muss der Landwirt beim BVL einen Antrag auf Genehmigung stellen. Diese Betriebe sind nicht in die allgemeine Verkehrskontrolle einbezogen, sondern werden im Rahmen von Anwendungskontrollen überwacht.

Außer über systematische und anlassbezogene Betriebskontrollen wird auch aufgrund von Nachfragen bei Gewerbeaufsichtsämtern und Handelskammern oder aufgrund von Recherchen im Branchenbuch überprüft, ob die anzeigerelevanten betrieblichen Tätigkeiten gemäß § 24 PflSchG gemeldet wurden.

Die Beanstandungsquote bei den insgesamt 1.662 kontrollierten Betrieben (Tab. 6.7) liegt mit 8,5 % über dem Niveau des Vorjahres (2013: 7,6 %). In Ordnungswidrigkeitsverfahren wurden Bußgelder in einer Höhe bis zu 150 € erhoben.

Tab. 6.7 Kontrollen zur Einhaltung der Anzeigepflicht gemäß § 24 PflSchG (Handelsbetriebe) im Jahr 2014

	Kontrollen	Beanstandungen (prozentual)
Anzahl Betriebe	1.662	142 (8,5 %)

Verstöße gegen die Anzeigepflicht können sich z. B. über die Neueröffnung von Filialen ergeben, die genau wie ein Hauptgeschäft der Anzeigepflicht unterliegen. Auch scheinen die gesetzlichen Vorschriften zum Verkauf von Pflanzenschutzmitteln bei Geschäftsinhabern mit einer oft sehr eingeschränkten Auswahl von Pflanzenschutzmitteln, wie Blumenläden, Drogeriemärkten oder Onlineshops, nicht immer ausreichend bekannt zu sein.

6.2.6 Sachkunde und Unterrichtungspflicht

Jede Person, die Pflanzenschutzmittel abgibt, muss die erforderliche Zuverlässigkeit und Sachkunde besitzen. Bei der Abgabe ist der Käufer über die Anwendung des Pflanzenschutzmittels, insbesondere über Verbote und Beschränkungen, zu unterrichten. Bei einem Verkauf von Pflanzenschutzmitteln an nichtberufliche Anwender müssen zusätzlich allgemeine Informationen über die Risiken der Anwendung von Pflanzenschutzmitteln für Mensch, Tier und Naturhaushalt zur Verfügung gestellt werden. Hiermit sind insbesondere der Anwenderschutz, die sachgerechte Lagerung, Handhabung und Anwendung sowie die sichere Beseitigung gemeint (Abb. 6.1).

Bei einer Kontrolle wird das Verkaufspersonal zunächst darüber befragt, wer Pflanzenschutzmittel verkauft. Wenn der Betrieb das sogenannte Anzeigeverfahren bereits durchgeführt hat, wird gegebenenfalls geprüft, ob der Abgebende den Kontrollbehörden bekannt ist. Sollte dies nicht der Fall sein, wird die Vorlage des Sachkundenachweises verlangt. Zur Überprüfung der fachlichen Kenntnisse und der Unterrichtungspflicht werden neben Befragungen auch Testkäufe durch Mitarbeiter der Pflanzenschutzdienste durchgeführt.

Die Ergebnisse der Kontrollen zur Sachkunde in 1.993 Betrieben sind in Tabelle 6.8 aufgeführt. In 3,8 % der kontrollierten Betriebe wurden unzureichende fachliche Kenntnisse des Verkaufspersonals beanstandet (2013: 3,9 %) und Bußgelder in einer Höhe bis zu 300 € erteilt. Bezogen auf die 5.378 kontrollierten Personen liegt die Beanstandungsquote mit 1,7 % auf dem Niveau des Vorjahres (2013: 1,7 %).

Tab. 6.8 Kontrollen zu erforderlichen fachlichen Kenntnissen (Sachkunde) der Pflanzenschutzmittelabgeber im Einzel- und Versandhandel im Jahr 2014

	Kontrollen	Beanstandungen (prozentual)
Anzahl Betriebe	1.993	76 (3,8 %)
Anzahl Abgeber	5.378	89 (1,7 %)

Die Ergebnisse der Kontrollen zur Unterrichtungspflicht in 825 Betrieben sind in Tabelle 6.9 aufgeführt. In 3,9 % der überprüften Betriebe wurden Mängel bei der Beratung festgestellt (2013: 4,6 %) und Bußgelder bis zu einer Höhe von 375 € erteilt. Bezogen auf die Anzahl der

Abb. 6.1 Bei der Abgabe von Pflanzenschutzmitteln an Laien ist eine gute Beratung besonders wichtig (Quelle: LfULG Sachsen)

kontrollierten Personen liegt die Beanstandungsquote im Jahr 2014 mit 4,6 % über der des Vorjahres 2013 (4,1 %).

Tab. 6.9 Kontrollen zur Unterrichtungspflicht der Pflanzenschutzmittelabgeber im Einzel- und Versandhandel im Jahr 2014

	Kontrollen	Beanstandungen (prozentual)
Anzahl Betriebe	825	32 (3,9 %)
Anzahl Abgeber	928	43 (4,6 %)

6.3 Anwendungskontrollen

6.3.1 Bundesweiter Kontrollschwerpunkt: Kontrollen zum Bienenschutz bei der Anwendung von Pflanzenschutzmitteln

Im Jahr 2014 wurde als neuer bundesweiter Kontrollschwerpunkt die Einhaltung von Anwendungsbestimmungen zum Schutz von Bienen begonnen. Die Auswahl des Schwerpunktes erfolgte unter Berücksichtigung mehrerer Aspekte: Bienen sind unverzichtbar für die Natur und die Erzeugung von Nahrungsmitteln. Bienen leisten einen unschätzbaren Beitrag für den Erhalt der Biodiversität und den Fruchtertrag vieler Gemüse-, Obst- und Ackerkulturen. Daher stehen sie unter einem besonderen Schutz und sind stellvertretend für eine Vielzahl blütenbesuchender Insekten. Die Broschüre „Landwirte und Imker in Partnerschaft" (Abb. 6.2) will Imkern und Landwirten Fakten und Tipps vermitteln.

Abb. 6.2 Die Broschüre gibt Landwirten Tipps für eine bienenfreundliche Bewirtschaftung. Herausgegeben hat sie das Hessische Ministerium für Umwelt, Energie, Landwirtschaft und Verbraucherschutz in Zusammenarbeit mit dem Landesbetrieb Landwirtschaft Hessen (LLH) (http://www.llh.hessen.de/fachinformation/veroeffentlichungen.html)

Der Schutz der Honigbiene ist im Jahr 1950 bundesweit über die Verordnung über bienengefährliche Pflanzenschutzmittel gesetzlich verankert worden. Heute gilt die Verordnung über die Anwendung bienengefährlicher Pflanzenschutzmittel (Bienenschutzverordnung), deren Einhaltung fester Bestandteil der Kontrollen zur Anwendung von Pflanzenschutzmitteln ist. Aufgrund der besonderen Bedeutung der Bienen werden Bienenschutzkontrollen seit dem Jahr 2006 in dem Abschnitt über „Anwendungskontrollen" getrennt dokumentiert und seit 2007 tabellarisch ausgewiesen.

Im Rahmen des Kontrollschwerpunktes werden alle relevanten Bienenschutzbestimmungen, insbesondere die Bienenschutzverordnung, überwacht. Dazu zählt z. B. das Anwendungsverbot für bienengefährliche Pflanzenschutzmittel an blühenden Beständen oder anderen Pflanzen, wenn sie von Bienen beflogen werden, z. B. weil Honigtau vorhanden ist. Auch der Mindestabstand zu Bienenständen von 60 m bei der Anwendung bienengefährlicher Pflanzenschutzmittel wird überprüft, wenn keine Zustimmung des Imkers vorliegt. Im Schwerpunkt wird auch die Einhaltung der Vorschriften der Durchführungsverordnung (EU) Nr. 485/2013 kontrolliert, die die Verwendung der neonikotinoiden Wirkstoffe Clothianidin, Imidacloprid und Thiamethoxam stark einschränkt.

Die Kontrollen zum Bienenschutz im Jahr 2014 umfassten 370 Schläge in 342 Betrieben. Insgesamt wurden 6 (1,6 %) der kontrollierten Schläge beanstandet (siehe Tab. 6.10). Bei Betrachtung der Beanstandungen, getrennt nach Anlasskontrollen (12,1 %) und systematischen Kontrollen (0,6 %), wird deutlich, dass die meisten Verstöße (4) bei Anlasskontrollen festgestellt wurden. Die Anzahl der Verstöße bei den systematischen Kontrollen ist niedrig, sodass hieraus gefolgert werden kann, dass die Bestimmungen zum Bienenschutz von den Landwirten sehr gut eingehalten werden.

Tab. 6.10 Ergebnisse der Schwerpunktkontrollen zum Bienenschutz bei der Anwendung von Pflanzenschutzmitteln für das Jahr 2014 – Probenumfang und Beanstandungen

	Kontrollen	Beanstandungen (prozentual)
Anzahl Betriebe	342	6 (1,8 %)
Anzahl Schläge	370	6 (1,6 %)
davon systematische Kontrollen	337	2 (0,6 %)
davon Anlasskontrollen	33	4 (12,1 %)

Zu beachten ist, dass unter den Ergebnissen keine Bienenschäden aufgeführt sind, bei denen der Verursacher nicht festgestellt werden konnte. Es kommen Schadensfälle bei Honigbienen vor, bei denen als Ursache eine unsachgemäße Pflanzenschutzmittelanwendung vermu-

Tab. 6.11 Ergebnisse der Schwerpunktkontrollen zum Bienenschutz bei der Anwendung von Pflanzenschutzmitteln für das Jahr 2014 – Erläuterung der Beanstandungen

Grund der Beanstandung	Anzahl beanstandeter Schläge	Erläuterungen
Anwendung bienengefährlicher Pflanzenschutzmittel an blühenden Pflanzen (Verstoß gegen § 2 Abs. 1 und 2 BienSchV)	5	Anwendung von Dimethoat, Imidacloprid, Clothianidin[a] Pymetrozin bzw. Etofenprox[a, b]
Verstoß gegen weitere Bienenschutzbestimmungen	1	Nichtbeachtung der NB504[c] bei der Anwendung von Imidacloprid

[a] Die Anwendung erfolgte in nicht blühenden Kulturbeständen. Auf der Fläche standen zum Anwendungszeitpunkt blühende Wildkräuter, die von Bienen beflogen werden.
[b] Etofenprox ist mit B2 eingestuft. Eine Anwendung in blühenden Pflanzen ist nur außerhalb des täglichen Bienenflugs bis 23:00 Uhr erlaubt. Diese Bestimmung wurde nicht eingehalten.
[c] NB504: Eine Behandlung vor der Blüte ist nur zulässig, wenn im Jahr der Behandlung keine Verwendung der Pflanzen im Freiland vorgesehen ist.

tet wird, aber bei denen trotz intensiver Untersuchungen keine landwirtschaftlichen Flächen als Verursacher zugeordnet werden können.

Schwierigkeiten bei der Zuordnung von Schadensfällen können sich ergeben, wenn der Zeitraum zwischen dem Bienenschaden und der Probenahme bzw. dem Versand an die Bienenvergiftungsstelle zu groß ist oder wenn die Probenahme nicht fachgerecht erfolgt. Es wird empfohlen, dass Imker mit Schadensfällen sich an speziell beauftragte Mitarbeiter der Pflanzenschutzdienste oder der Imkerverbände wenden, damit die Ursachenforschung sofort beginnen kann und alle wichtigen Informationen vor Ort erhoben werden (siehe unten: „Hintergrund: Untersuchungsstelle für Bienenvergiftungen des Julius Kühn-Instituts").

In Tabelle 6.11 sind detaillierte Angaben zu den Beanstandungen aufgeführt. Auf 5 Schlägen wurden bienengefährliche Mittel in blühenden Pflanzen ausgebracht. Dabei handelte es sich in 3 Fällen um blühende Kulturbestände: einmal Dimethoat in Raps, einmal Imidacloprid in Ackerbohnen und einmal Pymetrozin in Erdbeeren. Zwei Beanstandungen ergaben sich aufgrund einer Pflanzenschutzanwendung in nicht blühenden Kulturen, in denen Wildkräuter im Bestand blühten. Es wurden Etofenprox in Winterraps bzw. Clothianidin in Kartoffeln angewandt. In einem weiteren Fall wurde gegen eine Anwendungsbestimmung verstoßen, die eine Anwendung von Imidacloprid vor der Blüte verbietet, wenn im Jahr der Behandlung eine Verwendung der Pflanzen im Freiland vorgesehen ist. Im vorliegenden Fall wurden Kübelpflanzen behandelt, die nach der Winterpause nach draußen gestellt werden.

Vier der aufgeführten Beanstandungen ergaben sich aus Anlasskontrollen, d. h. die Kontrollen wurden gezielt durchgeführt, da Bienenschäden aufgetreten waren. Als Verursacher der Schäden konnten die behandelten Schläge identifiziert werden. Es handelte sich um Anwendungen mit Clothianidin, Dimethoat, Imidacloprid bzw. Pymetrozin.

Zum Schutz von Bienen finden neben der Kontrolle von Spritzanwendungen auch Saatgutkontrollen statt. Im Jahr 2009 wurden die Kontrollen zur Einhaltung der im Februar 2009 erlassenen Verordnung über das Inverkehrbringen und die Aussaat von mit bestimmten Pflanzenschutzmitteln behandeltem Saatgut (MaisPflSchMV) in das Pflanzenschutz-Kontrollprogramm aufgenommen und dokumentiert (siehe Abschn. 6.4).

Die Einhaltung weiterer Vorschriften bei der Saatgutbeizung und Aussaat von mit Pflanzenschutzmitteln behandeltem Saatgut, z. B. gemäß der Durchführungsverordnung (EU) Nr. 485/2013, wird in den Bundesländern in Zusammenarbeit mit der Saatgutverkehrskontrolle überwacht. Die Durchführungsverordnung verbietet seit dem 1. Dezember 2013 auch die Aussaat und das Inverkehrbringen von Saatgut einer großen Anzahl von Kulturen, das mit Clothianidin, Thiamethoxam oder Imidacloprid behandelt wurde, sodass seitdem weder Importe noch die Aussaat von Lagerbeständen des entsprechenden Saatguts zulässig sind. Durch die Behörden wird Saatgut auf unzulässige Rückstände von Wirkstoffen, insbesondere von Neonikotinoiden, bzw. auf Einhaltung der Vorschriften zur Minimierung von Abrieb und Staub untersucht.

Hintergrund: Untersuchungsstelle für Bienenvergiftungen des Julius Kühn-Instituts

Nach dem Pflanzenschutzgesetz (§ 57 Abs. 2 Nr. 11) hat das Julius Kühn-Institut (JKI) die Aufgabe, Bienen auf Schäden durch die Anwendung von Pflanzenschutzmitteln zu untersuchen. Aufgrund des gesetzlichen Auftrags wurde die Untersuchungsstelle für Bienenvergiftungen eingerichtet. Dort werden Bienen- und Pflanzenproben bei vermuteten Vergiftungen durch Pflanzenschutzmittel untersucht. Zu den Aufgaben gehören unter anderem:

- Bearbeitung der Einsendungen von Probenmaterialien zu Schadfällen im Zusammenhang mit Bienenvergiftungen durch Pflanzenschutzmittel aus dem gesamten Bundesgebiet einschließlich Schadfalldaten und Informationen, Schriftwechsel mit geschädigten Imkern bzw. Einsendern
- Bewertung der Untersuchungsergebnisse zu Bienenvergiftungen durch Pflanzenschutzmittel im Hinblick auf die Bienengefährlichkeit von Pflanzenschutzmitteln
- Durchführung der biologischen Untersuchungen: Aedes-Biotest, Pollenanalyse, Krankheitsuntersuchungen einschließlich Nosema-Analyse
- Erstellung des biologischen Befundes auf Grundlage der Untersuchungsergebnisse und sämtlicher bis dahin vorliegender Daten und Informationen zum Bienenschaden
- Abschließende Beurteilung der Schadensursache auf Grundlage des biologischen und chemischen Befundes unter Berücksichtigung sämtlicher bis dahin vorliegender Daten und Informationen zum Bienenschaden und Erstellung von Gutachten im Rahmen der Amtshilfe
- Telefonische Beratung zum Vorgehen bei Schadfällen
- Kommunikation mit den Pflanzenschutzdiensten der Länder und anderen an der Schadensklärung beteiligten Institutionen
- Auswertung der Daten aus den Einsendungen zu Bienenschäden und Bereitstellung der Daten

Voraussetzung für die Untersuchung der Proben ist die Einsendung des ausgefüllten Antrags sowie von ausreichendem Probematerial. Eine ausreichende Bienenprobe muss etwa 1.000 tote Bienen (Gewicht ca. 80 bis 100 g) und eine ausreichende Pflanzenprobe (mindestens 100 g Pflanzenmaterial) enthalten. Ein Merkblatt zur Probenahme und das Antragsformular sind im Internetangebot des JKI in der jeweils aktuellen Fassung erhältlich.

Die Untersuchungen werden in der Regel durch Imker veranlasst. Der Erfolg der Untersuchungen hängt jedoch maßgeblich von der zeitnahen und richtigen Probenahme und der ausführlichen Dokumentation der mutmaßlichen Schadensursache vor Ort ab.

Bei Bienenschäden mit Verdacht auf Bienenvergiftung sollten die Hinweise im Merkblatt zur Entnahme und Einsendung von Probenmaterial beachtet werden und sachverständige Hilfe hinzugezogen werden. Kontaktadressen der Pflanzenschutzdienste und Imkerverbände sind in dem oben genannten Portal unter „Ansprechpartner Bundesländer" zu finden.

Im Rahmen der Ursachenanalyse für Bienenvergiftungen sollte beachtet werden, dass Bienenvergiftungen auch ohne das Vorhandensein von Blüten auftreten können. Die Bienen können Honigtau von Blattläusen an Kartoffeln, Getreide, Bohnen, Waldbäumen oder anderen Kulturen aufnehmen, die zuvor behandelt wurden. Auch durch Abdrift von Spritzmitteln auf Nicht-Zielflächen mit vorhandenem Honigtau oder blühenden Pflanzen kann eine Schädigung entstehen. In diesen Fällen sollten sowohl von der behandelten Kultur als auch von der Kultur, auf der die Bienen gesammelt haben, Proben genommen werden. Durch den Beflug von blühendem Unterwuchs können auch in für Bienen nicht attraktiven Kulturen (z. B. Kornblume in Getreide) Bienenvergiftungen entstehen. Auch relativ unscheinbare Pflanzen wie z. B. Spargel können Bienen Nektar oder Pollen bieten.

Kontakt:

Julius Kühn-Institut

Bundesforschungsinstitut für Kulturpflanzen

Institut für Pflanzenschutz in Ackerbau und Grünland

Untersuchungsstelle für Bienenvergiftungen

Messeweg 11/12

38104 Braunschweig

Tel.: 0531/ 299-4525 oder 0531/ 299-4577

Fax: 0531/ 299-3008

(Quellen: http://bienen.jki.bund.de; bvl.bund.de/ psmkontrollprogramm > Handbuch)

6.3.2   Bundesweiter Kontrollschwerpunkt: Einhaltung von Anwendungsbestimmungen zum Gewässerschutz

Für die Jahre 2013 bis 2015 wurde festgelegt, schwerpunktmäßig die Einhaltung von Anwendungsbestimmungen zum Schutz von Gewässern zu kontrollieren.

Mit der Zulassung von Pflanzenschutzmitteln werden Anwendungsbestimmungen erteilt, die einen bestimmten Abstand zu Gewässern vorschreiben, um unvertretbare Auswirkungen auf Gewässerorganismen durch den Eintrag von Pflanzenschutzmitteln in Gewässer zu verhindern. Hierzu wird im Rahmen des Zulassungsverfahrens von Pflanzenschutzmitteln ermittelt, welche Einträge durch Pflanzenschutzmittel bei einer sachgerechten und bestimmungsgemäßen Anwendung in einem Gewässer auftreten können. Diese Konzentrationen werden mit verschiedenen ökotoxikologischen Studien verglichen, in denen die Wirkung des Pflanzenschutzmittels auf verschiedene Organismenarten (Algen, Wasserflöhe, Fische usw.) getestet wurde. Eine Zulassung ist nur möglich, wenn die zu erwartenden Einträge in das Gewässer deutlich unter der Konzentration liegen, ab der Effekte festgestellt wurden.

Einträge von Pflanzenschutzmitteln in Gewässer können während der Applikation über die Abdrift von Spritz- oder Sprühflüssigkeiten auf benachbarte Flächen erfolgen. Die Abdrift kann durch die Einhaltung von Abständen und die Verwendung von abdriftmindernder Technik vermieden bzw. deutlich reduziert werden. Bei der Applikation von Pflanzenschutzmitteln sind zudem die Grundsätze der guten fachlichen Praxis im Pflanzenschutz einzuhalten. Hiernach sind beispielsweise Spritzeinsätze bei dauerhaften Windgeschwindigkeiten über 5 m/s zu vermeiden.

Zum Schutz der Gewässer ist bei vielen Pflanzenschutzmitteln, in Abhängigkeit von der Abdriftminderungsklasse der verwendeten Geräte, ein Mindestabstand zwischen der behandelten Fläche und einem Gewässer vorgeschrieben. In dem Schwerpunkt wird überprüft, ob die Anwendungsbestimmungen NW601 bis NW609 bei der Anwendung von Pflanzenschutzmitteln beachtet werden.

Die Kontrollen erfolgen in der Regel über die Entnahme von Boden- bzw. Pflanzenproben auf dem behandelten Schlag, da es schwierig ist, eine ausreichende Anzahl von Spritzgeräten während der Applikation in Gewässernähe anzutreffen. Die Beprobungen werden entsprechend der im Handbuch beschriebenen Vorgehensweise durchgeführt. Hierzu wird zum einen eine Mischprobe von Boden und/oder Pflanzen in der Feldmitte entnommen und zum anderen mindestens eine Mischprobe am Feldrand im Abstand von 1 m bis 2,5 m zur Böschungsoberkante des Gewässers. Anhand der gemessenen Konzentrationsunterschiede lässt sich beurteilen, ob und in welchem Abstand zum Gewässer Pflanzenschutzmittel angewendet wurden. Insbesondere im Falle von Herbiziden kann auch eine visuelle Kontrolle der Feld- bzw. Gewässerränder Hinweise über Verstöße geben, wenn beispielsweise die Vegetation direkt am Gewässer auffällig braun verfärbt oder abgestorben ist.

Im Berichtsjahr wurden 405 Schläge von 393 Betrieben überprüft (Tab. 6.12). Hierzu wurden insgesamt 555 Boden- bzw. Pflanzenproben untersucht. Von den 405 Kontrollen fanden 325 Kontrollen nach der Anwendung von Pflanzenschutzmitteln statt und 80 Kontrollen wur-

Tab. 6.12 Ergebnisse der Schwerpunktkontrollen Einhaltung von Abständen zu Gewässern für das Jahr 2014

	Kontrollen	Beanstandungen (prozentual)
Anzahl Betriebe	393	46 (11,7 %)
Anzahl Schläge	405	46 (11,4 %)
davon systematische Kontrollen	384	30 (7,8 %)
davon Anlasskontrollen	21	16 (76,2 %)

den während der Anwendung eines Pflanzenschutzmittels durchgeführt. Es wurden 391 Schläge überprüft, die mit Flächenkulturen bestellt waren (Getreide wie Weizen, Dinkel, Hafer, Gerste, Roggen, Triticale, aber auch Mais, Raps, Kartoffeln, Zuckerrübe, Sonnenblume, Möhren, Kohl und Weiden/Dauergrünland) und in 14 Kontrollen wurden Raumkulturen (Apfel- und Kirschbäume) beprobt.

Auf 46 von 405 kontrollierten Schlägen (11,4 %) wurden Verstöße gegen Gewässerabstands-Anwendungsbestimmungen festgestellt. Fast ein Drittel der Beanstandungen (16 von 46) wurden bei Anlasskontrollen festgestellt. Einige Anlasskontrollen in Raumkulturen wurden beispielsweise aufgrund des geringen Abstands der ersten Baumreihe zum Gewässer durchgeführt. Bei Flächenkulturen wurden z. B. Schläge näher begutachtet, wenn im Randbereich Pflanzenschutzmittelanwendungen optisch aufgrund von Verfärbungen zu erkennen waren. Bei den Anlasskontrollen bestätigte sich der Verdacht der nicht rechtmäßigen Anwendungen in Gewässernähe in 76,2 % der Fälle, während bei den systematischen Kontrollen eine Beanstandungsquote von 7,8 % vorliegt.

Ein direkter Vergleich der Ergebnisse mit dem Jahr 2013 (Beanstandungsquote 9,9 % der kontrollierten Schläge) ist nicht möglich, da im Vorjahr bei der Berichterstattung nicht zwischen systematischen Kontrollen und Anlasskontrollen unterschieden wurde.

Bei den nachgewiesenen Verstößen gegen die Gewässerabstands-Anwendungsbestimmungen wurden folgende Feststellungen gemacht:

- Keine Einhaltung des in den Anwendungsbestimmungen festgesetzten Mindestabstandes.
- Verwendung von Spritzdüsen oder Geräten ohne bzw. ohne für einzelne Pflanzenschutzmittel ausreichende Abdriftminderungsklasse.
- Der Gewässerabstand wurde für einzelne Mittel nicht an die Abdriftminderungsklasse der Düsen bzw. Geräte angepasst.
- Die Verwendungsbestimmungen der Düsen wurden in Gewässernähe nicht ausreichend beachtet (insbesondere die Reduzierung des Spritzdrucks in Gewässernähe).

- Bei Ausbringung von Tankmischungen wurde der einzuhaltende Gewässerabstand nicht an das Mittel mit dem größten einzuhaltenden Abstand angepasst.

Neben den Verstößen gegen Anwendungsbestimmungen, die zum Schutz der Gewässer vor Abdrift eingehalten werden müssen, wurden in 24 Fällen weitere Vorschriften zum Schutz von Gewässern nicht beachtet:

- In 14 Fällen wurden Anwendungsbestimmungen zur Vermeidung von Abschwemmungen (Runoff) nicht ausreichend berücksichtigt.
- In 8 Fällen wurden die Abstände zu Gewässern eingehalten, die sich direkt aus der Anwendung von Pflanzenschutzmitteln ergeben, jedoch gegen Vorschriften des Landeswassergesetzes verstoßen. In einigen Bundesländern müssen bestimmte Mindestabstände zu Gewässern bei der Anwendung von Pflanzenschutzmitteln eingehalten werden, auch wenn über die Zulassung geringere Abstände möglich wären.
- Auf 2 Schlägen wurden Gewässer mitbehandelt, obwohl nach § 12 Absatz 2 des Pflanzenschutzgesetzes Pflanzenschutzmittel „nicht in oder unmittelbar an oberirdischen Gewässern und Küstengewässern angewandt werden" dürfen.

Fazit

Aus den Ergebnissen lassen sich folgende Schlüsse ziehen: Bei den Anlasskontrollen, die aufgrund eines Verdachts durchgeführt wurden, bestätigte sich dieser in 76,2 % der Fälle. Auch bei systematischen Kontrollen wurden Verstöße gegen Anwendungsbestimmungen zur Vermeidung von Drifteinträgen in Gewässer bei der Anwendung von Pflanzenschutzmitteln auf 7,8 % der kontrollierten Schläge aufgedeckt.

Die Auswertungen in einzelnen Bundesländern zeigen, dass die im Rahmen der Überwachungen beurteilten Pflanzenschutzgeräte für Flächenkulturen fast ausnahmslos über abdriftmindernde Düsenausstattungen verfügen. Der weit überwiegende Anteil der Pflanzenschutzgeräte im Feldbau verfügte über eine Düsenausstattung der Abdriftminderungsklasse von 90 %.

Die dennoch festgestellten Beanstandungen machen deutlich, dass durch Intensivierung der Beratungs- und Aufklärungsarbeit auf eine bestmögliche Düsenausstattung unter Abdriftminderungsaspekten und auf eine vollständige Beachtung der Verwendungsbestimmungen der verlustmindernden Pflanzenschutzgeräte hinzuwirken ist. Auch scheint es geboten, die Praxis weiter dahingehend zu sensibilisieren, dass wirkungsstarke Pflanzenschutzmittel mit vergleichsweise großen einzuhaltenden Gewässerabständen überwiegend durch ebenfalls geeignete Mittel mit geringeren einzuhaltenden Abständen ersetzt werden können.

Hintergrund: Beispiele für Anwendungsbestimmungen zum Schutz von Gewässern vor Pflanzenschutzmitteleinträgen durch Abdrift

Anwendungsbestimmungen werden mit der Zulassung eines Pflanzenschutzmittels erteilt. Sie können für alle zugelassenen Anwendungen eines Pflanzenschutzmittels gelten oder für einzelne Anwendungsgebiete (Kultur/Schadorganismus) erteilt werden. Sie sind an der Abkürzung NW (**N**aturhaushalt Oberflächen**w**asser) zu erkennen.

Zur Vermeidung von Einträgen durch Abdrift kann beispielsweise eine der folgenden Anwendungsbestimmungen erteilt werden:

- NW605-1 *Die Anwendung des Mittels auf Flächen in Nachbarschaft von Oberflächengewässern – ausgenommen nur gelegentlich wasserführende, aber einschließlich periodisch wasserführender Oberflächengewässer – muss mit einem Gerät erfolgen, das in das Verzeichnis „Verlustmindernde Geräte" vom 14. Oktober 1993 (Bundesanzeiger Nr. 205, S. 9780) in der jeweils geltenden Fassung eingetragen ist. Dabei sind, in Abhängigkeit von den unten aufgeführten Abdriftminderungsklassen der verwendeten Geräte, die im Folgenden genannten Abstände zu Oberflächengewässern einzuhalten. Für die mit „*" gekennzeichneten Abdriftminderungsklassen ist, neben dem gemäß Länderrecht verbindlich vorgegebenen Mindestabstand zu Oberflächengewässern, das Verbot der Anwendung in oder unmittelbar an Gewässern in jedem Fall zu beachten. Reduzierte Abstände: 50 % 5 m, 75 % 5 m, 90 % **
- NW606 *Ein Verzicht auf den Einsatz verlustmindernder Technik ist nur möglich, wenn bei der Anwendung des Mittels mindestens unten genannter Abstand zu Oberflächengewässern – ausgenommen nur gelegentlich wasserführende, aber einschließlich periodisch wasserführender Oberflächengewässer – eingehalten wird. Zuwiderhandlungen können mit einem Bußgeld bis zu einer Höhe von 50.000 Euro geahndet werden: 10 m.*

In der Datenbank des Bundesamtes für Verbraucherschutz und Lebensmittelsicherheit kann unter www.bvl.bund.de/infopsm > Links und Dokumente > Online-Datenbank > Standardsuche für ein Mittel recherchiert werden, welche Anwendungsbestimmungen zum Schutz von Oberflächengewässern erteilt wurden:

- Unter „Handelsbezeichnung" wird ein Mittel gewählt und nach dem Klicken auf das Feld „Suchen" erscheint das gewünschte Mittel.
- Beim Klick auf den Namen des Mittels erscheinen allgemeine Informationen über das Mittel und unter dem Punkt „Anwendungsbestimmungen" wird in der Regel die NW468 aufgeführt: *„Anwendungsflüssigkeiten und deren Reste, Mittel und dessen Reste, entleerte Behältnisse oder Packungen sowie Reinigungs- und Spülflüssigkeiten nicht in Gewässer gelangen lassen. Dies gilt auch für indirekte Einträge über die Kanalisation, Hof- und Straßenabläufe sowie Regen- und Abwasserkanäle."*
- Beim Klick auf die Zulassungsnummer werden alle zugelassenen Anwendungsgebiete aufgeführt. Wählt man eine Anwendungsnummer, erhält man unter „Anwendungsbestimmungen" die zu beachtenden Beschränkungen.

6.3.3 Anwendungskontrollen in landwirtschaftlichen, gärtnerischen und forstwirtschaftlichen Betrieben

Die Kontrollen zur Anwendung von Pflanzenschutzmitteln erfolgen in Form von:
- Kontrollen in den Betrieben (Betriebsprüfungen),
- Kontrollen auf Flächen während der Anwendung von Pflanzenschutzmitteln,
- Kontrollen auf Flächen nach der Anwendung von Pflanzenschutzmitteln.

Kontrollen **in den Betrieben** (auf dem Hof) werden ganzjährig durchgeführt. Die Kontrollen erfolgen teilweise angemeldet, um kompetente Ansprechpartner im Betrieb anzutreffen. Die Betriebe werden aufgrund einer systematischen Auswahl und der Festsetzung von Schwerpunkten bestimmt und kontrolliert. Zusätzlich können anlassbezogen vertiefte Kontrollen vor Ort durchgeführt werden, z. B. Kontrollen nach der Anwendung von Pflanzenschutzmitteln.

Kontrollen auf Flächen **während der Anwendung** oder unmittelbar danach erfolgen grundsätzlich unangemeldet. Sie sind nur durchführbar, wenn sich der Anwender auf der Fläche befindet. Deshalb ist eine exakte Jahresplanung nicht möglich. Für bestimmte Kulturen oder innerhalb enger Anwendungszeitfenster sind diese Kontrollen eingeschränkt planbar (Beispiel: Überprüfung der Anwendung bienengefährlicher Pflanzenschutzmittel zur Blütezeit). Bei den Anwendungskontrollen auf dem Feld wird durch Befragung der Landwirte oder Kontrolle mitgeführter Pflanzenschutzmittelbehältnisse festgestellt, welche Produkte appliziert werden. Anschließend wird überprüft, ob die verwendeten Pflanzenschutzmittel zugelassen sind, welche Anwendungsgebiete sowie Anwendungsbestimmungen festgesetzt sind oder ob sie einem Anwendungsverbot oder einer Anwendungsbeschränkung unterliegen. Die Auskünfte des Anwenders und die festgestellten Ergebnisse werden protokollarisch festgehalten. Wenn keine Behältnisse mitgeführt werden oder Zweifel an den Aussagen des Anwenders bestehen, werden zur Überprüfung der Angaben Fassproben (Behandlungsflüssigkeitsproben) entnommen und rückstandsanalytisch untersucht.

Kontrollen auf der Fläche **nach der Anwendung** sind planbare Kontrollen und gehen in der Regel mit einer Entnahme von Pflanzen- oder Bodenproben einher. Sie müssen jedoch in einem angemessen kurzen Zeitraum nach der Anwendung erfolgen. Die Auswahl und eindeutige Zuordnung von Flächen zu Betrieben ist vor den Probenahmen möglich. Bei einer Herbizidanwendung lässt sich auch visuell überprüfen, ob die Anwendungsbestimmungen (z. B. unbehandelter Randstreifen, Abstand zum Gewässer) eingehalten worden sind. In der Regel erfolgt vor, während oder nach der Beprobung eine Befragung des Bewirtschafters, um eingrenzen zu können, welche Pflanzenschutzmittelwirkstoffe bei der Laboranalyse berücksichtigt werden müssen. Die Kontrollen mittels Analyse von Boden- oder Blattproben sind sehr zeit- und kostenintensiv.

Die Summenangaben im vorliegenden Bericht beziehen sich auf die einzelnen überprüften Tatbestände. Sie korrespondieren daher nicht immer mit der Anzahl aller kontrollierten Betriebe. So können z. B. in einem Betrieb mehrere Personen auf ihre fachlichen Kenntnisse (Sachkunde) überprüft werden. Im gleichen Betrieb kann jedoch auf eine Kontrolle zur „Einhaltung der Anwendungsbestimmungen" verzichtet worden sein, da zum Zeitpunkt der Überprüfung keine Pflanzenschutzmaßnahmen durchgeführt wurden.

Insgesamt wurden im Jahr 2014 5.170 Betriebe kontrolliert. Diese Zahl setzt sich aus 2.147 Betriebskontrollen und 3.215 Anwendungskontrollen zusammen. Da bei einigen Betrieben sowohl Betriebskontrollen als auch Anwendungskontrollen durchgeführt wurden, ist die Summe der beiden Kontrollarten höher als die Anzahl der insgesamt kontrollierten Betriebe. Bei den Kontrollen wurden 2.767 Proben von Boden, Pflanzen oder Behandlungsflüssigkeiten entnommen und analysiert.

6.3.3.1 Pflanzenschutzgeräte im Gebrauch

Bei der Anwendung von Pflanzenschutzmitteln dürfen nur Pflanzenschutzgeräte eingesetzt werden, die einer vorgeschriebenen Prüfung unterzogen worden sind. Daher wird bei der Kontrolle des Gerätes zuerst geprüft, ob eine gültige Prüfplakette vorhanden ist. Alternativ kann der Anwender auch mit dem Prüfprotokoll die fristgerechte Prüfung des Gerätes nachweisen. Weiterhin wird durch eine visuelle Überprüfung des äußeren Zustandes des Gerätes festgestellt, ob es offensichtliche Mängel gibt, die eine ordnungsgemäße Applikation des Pflanzenschutzmittels beeinträchtigen, z. B. undichte Behälter- und Drucksysteme, fehlerhafte Manometer, nachtropfende Düsen, defekte oder hängende Spritzgestänge.

In Tabelle 6.13 sind die Ergebnisse der 3.718 Kontrollen aufgeführt. Die Beanstandungsquote lag bei 1,4 % und damit niedriger als im Vorjahr (2013: 2,1 %). Es wurden Bußgelder bis zu einer Höhe von 500 € erteilt.

Tab. 6.13 Kontrollen der im Gebrauch befindlichen Pflanzenschutzgeräte im Jahr 2014

	Kontrollen	Beanstandungen (prozentual)
Anzahl Geräte	3.718	53 (1,4 %)
davon systematische Kontrollen	3.221	37 (1,1 %)
davon Anlasskontrollen	497	16 (3,2 %)

6.3.3.2 Sachkunde der Anwender

Wer Pflanzenschutzmittel im landwirtschaftlichen, gartenbaulichen oder forstwirtschaftlichen Betrieb oder als Lohnunternehmer bzw. Dienstleister anwendet, muss die dafür erforderliche Zuverlässigkeit und die dafür notwendigen fachlichen Kenntnisse und Fertigkeiten haben. Näheres regelt die Pflanzenschutz-Sachkundeverordnung.

Bei 4.153 Kontrollen wurden in 1,8 % der Fälle Personen ohne die erforderliche Sachkunde im Umgang mit Pflanzenschutzmitteln festgestellt (Tab. 6.14). Im Vorjahr wurden mit 1,2 % weniger Anwender beanstandet. Es wurden Bußgelder bis zu einer Höhe von 800 € erteilt.

Tab. 6.14 Kontrollen zu erforderlichen fachlichen Kenntnissen (Sachkunde) der Pflanzenschutzmittelanwender im Jahr 2014

	Kontrollen	Beanstandungen (prozentual)
Anzahl Anwender	4.153	73 (1,8 %)
davon systematische Kontrollen	3.585	42 (1,2 %)
davon Anlasskontrollen	568	31 (5,5 %)

6.3.3.3 Einhaltung der Anwendungsgebiete

Pflanzenschutzmittel dürfen nur angewendet werden, wenn sie zugelassen sind. Für Mittel, deren Zulassung durch Zeitablauf endet, gibt es eine 18-monatige Aufbrauchfrist. Zudem dürfen Pflanzenschutzmittel nur in den Anwendungsgebieten angewendet werden, die bei der Zulassung vorgesehen oder genehmigt sind, also nur für die ausgewiesenen Kulturen und gegen die bezeichneten Schaderreger (z. B. Anwendung in Winterweizen zur Bekämpfung von zweikeimblättrigen Unkräutern).

Wie Tabelle 6.15 zeigt, wurden 2.789 Inspektionen durchgeführt. Bei 2.315 systematischen Kontrollen wurden in 58 Fällen (2,5 %) Mängel festgestellt (2013: 2,6 %); bei 474 Anlasskontrollen wurden in 11,6 % aller Fälle Mängel festgestellt (2013: 9,0 %). Anlässe für Kontrollen können z. B. das Auffinden bestimmter Pflanzenschutzmittel im Betrieb sein, die nicht zu den angebauten Kulturen passen, oder Rückstände in Pflanzen, die in Untersuchungen der Lebensmittelüberwachung identifiziert wurden. Es wurden Bußgelder bis zu 500 € verhängt.

Tab. 6.15 Kontrollen zur Einhaltung von Anwendungsgebieten im Jahr 2014

	Kontrollen	Beanstandungen (prozentual)
Anzahl Schläge	2.789	113 (4,1 %)
davon systematische Kontrollen	2.315	58 (2,5 %)
davon Anlasskontrollen	474	55 (11,6 %)

6.3.3.4 Einhaltung der Anwendungsbestimmungen und Bienenschutzbestimmungen

Anwendungsbestimmungen sind Vorschriften, die vom BVL mit der Zulassung eines Mittels erteilt werden, um schädliche Auswirkungen auf die Gesundheit von Mensch und Tier oder auf das Grundwasser oder sonstige unvertretbare Auswirkungen, insbesondere auf den Naturhaushalt, zu verhindern. Zu den Anwendungsbestimmungen gehören beispielsweise Mindestabstände zu Gewässern und Saumbiotopen. Die Bienenschutzverordnung enthält Vorschriften für bienengefährliche Pflanzenschutzmittel. So dürfen mit B1 gekennzeichnete Mittel nicht an blühenden Pflanzen angewendet werden und auch nicht an anderen Pflanzen, die von Bienen beflogen werden. Gezielte Kontrollen erfolgen z. B. in der Zeit der Obst-, Reben- und Rapsblüte. Die Kontrolle der genannten Vorschriften erfolgt über die Entnahme und Analyse von Boden- oder Pflanzenproben. Bei Kontrollen während der Anwendung können des Weiteren Proben von Behandlungsflüssigkeiten genommen werden. Auch Dokumentationsprüfungen sind möglich, wenn es um erteilte bzw. nicht erteilte Einzelfallgenehmigungen nach § 22 Absatz 2 PflSchG geht.

In Tabelle 6.16 sind die Ergebnisse der Kontrollen zur Einhaltung von Anwendungsbestimmungen und behördlichen Anordnungen und zum Bienenschutz aufgeführt. In der Tabelle sind die Ergebnisse aus den bundesweiten Schwerpunktkontrollen zum Bienenschutz (Abschn. 6.3.1) und zum Gewässerschutz (Abschn. 6.3.2) enthalten, da diese auch Kontrollen zur Einhaltung von Anwendungsbestimmungen darstellen. Insgesamt wurden 2.381 Kontrollen durchgeführt, darunter 629 speziell zum Bienenschutz. In 5,0 % aller Kontrollen wurden Verstöße festgestellt. Das Ergebnis liegt damit über dem Niveau des Vorjahres 2013 (4,5 %).

Tab. 6.16 Kontrollen zur Einhaltung von Anwendungsbestimmungen und behördlichen Anordnungen und zum Bienenschutz im Jahr 2014

	Kontrollen	Beanstandungen (prozentual)
Anzahl Schläge	2.381	120 (5,0 %)
davon systematische Kontrollen	1.923	59 (3,1 %)
davon Anlasskontrollen	458	61 (13,3 %)
darunter Bienenschutzkontrollen	629	6 (1,0 %)

Die Beanstandungsquote bei den 1.923 systematischen Kontrollen betrug 3,1 % und liegt unter der des Vorjahres (2013: 3,6 %). Naturgemäß liegen die Beanstandungsquoten bei den Anlasskontrollen höher. Bei 13,3 % der 458 anlassbezogenen Kontrollen, z. B. nach Anzeigen, wurden Verstöße festgestellt. Die Folge waren Bußgelder bis zu 500 €.

6.3.3.5 Einhaltung der Anwendungsverbote und Anwendungsbeschränkungen

Die Pflanzenschutz-Anwendungsverordnung enthält Anwendungsverbote und Anwendungsbeschränkungen für Pflanzenschutzmittel, die bestimmte Wirkstoffe enthalten. Mit der Änderung der Pflanzenschutz-Anwendungsverordnung vom 25. November 2013 wurden Anwendungsbeschränkungen für die Wirkstoffe Clothianidin, Imidacloprid und Thiamethoxam, insbesondere zu Saatgutbehandlungen, neu aufgenommen. Nachfolgend sind die Kontrollen von Pflanzenschutzmittelanwendungen auf landwirtschaftlich, forstwirtschaftlich oder gärtnerisch genutzten Flächen aufgeführt. Das beinhaltet auch Kontrollen von mit Pflanzenschutzmitteln behandeltem Saatgut beim Anwender.

Die Pflanzenschutz-Anwendungsverordnung umfasst auch Beschränkungen zur Anwendung von Pflanzenschutzmitteln auf nicht landwirtschaftlich, forstwirtschaftlich oder gärtnerisch genutzten Flächen (z. B. Geh-

wege, Betriebsflächen, Gleise), die hier nicht berichtet werden. Inspektionen auf diesen Flächen sind im Abschnitt 6.3.4 aufgeführt.

Die Kontrollen erfolgen in der Regel nach der Anwendung von Pflanzenschutzmitteln über die Entnahme und Analyse von Boden- oder Pflanzenproben. Wird ein Anwender während der Applikation angetroffen, können auch Proben der Behandlungsflüssigkeiten entnommen werden. Die betreffenden Wirkstoffe werden über Multimethoden erfasst. Zusätzlich können gezielte Kontrollen zur Anwendung bestimmter verbotener Wirkstoffe durchgeführt werden. Wie aus Tabelle 6.17 ersichtlich, wurden bei den 1.921 Kontrollen 4 Verstöße (0,2 %) festgestellt (2013: 0,6 %). Auf 4 Schlägen wurde Rapssaatgut beanstandet, da Reste aufgebraucht wurden, die in 3 Fällen mit Clothianidin bzw. in einem Fall mit Thiamethoxam gebeizt waren. Es wurden Bußgelder bis zu 500 € verhängt.

Tab. 6.17 Kontrollen zur Einhaltung von Anwendungsverboten und -beschränkungen (nach Pflanzenschutz-Anwendungsverordnung) im Jahr 2014

	Kontrollen	Beanstandungen (prozentual)
Anzahl Schläge	1.921	4 (0,2 %)
davon systematische Kontrollen	1.550	1 (0,1 %)
davon Anlasskontrollen	371	3 (0,8 %)

6.3.3.6 Dokumentation von Pflanzenschutzmittelanwendungen

Die Anwendung von Pflanzenschutzmitteln muss EU-weit nach den gleichen Vorgaben dokumentiert werden. Nach Artikel 67 Absatz 1 Satz 2 der Verordnung (EG) Nr. 1107/2009 sind in der Aufzeichnung die Bezeichnung des Pflanzenschutzmittels, der Zeitpunkt der Anwendung, der Name des Anwenders, die Aufwandmenge, die behandelte Fläche und die Kultur zu vermerken. Das Pflanzenschutzgesetz regelt in § 11 weitere Einzelheiten.

Bei der Kontrolle werden die Unterlagen stichprobenartig auf ihre Plausibilität und Vollständigkeit geprüft. Es wird auch kontrolliert, ob die Aufzeichnungen mindestens für drei Jahre aufbewahrt werden. Wie in Tabelle 6.18

Tab. 6.18 Kontrollen zur Dokumentation von Pflanzenschutzmittelanwendungen im Jahr 2014

	Kontrollen	Beanstandungen (prozentual)
Anzahl Betriebe	2.480	114 (4,6 %)
davon systematische Kontrollen	2.130	88 (4,1 %)
davon Anlasskontrollen	350	26 (7,4 %)

aufgeführt, wurde in 2.480 Betrieben die Dokumentation überprüft. In 114 Betrieben (4,6 %) fehlten Aufzeichnungen oder waren unvollständig. Im Vorjahr lag die entsprechende Beanstandungsquote bei 5,1 %. Es wurden Bußgelder bis zu 300 € erteilt.

6.3.3.7 Einhaltung der Beseitigungspflicht für verbotene Pflanzenschutzmittel

Seit dem Jahr 2008 unterliegen bestimmte Pflanzenschutzmittel einer Beseitigungspflicht, um einer versehentlichen Anwendung nach dem Zulassungsende vorzubeugen. Gemäß § 15 PflSchG müssen Pflanzenschutzmittel unverzüglich aus dem Lager entfernt und ordnungsgemäß beseitigt werden, wenn sie Wirkstoffe enthalten, die gemäß Pflanzenschutz-Anwendungsverordnung einem vollständigen Anwendungsverbot unterliegen oder deren Verwendung in Pflanzenschutzmitteln in der gesamten Europäischen Gemeinschaft verboten ist.

Zur Kontrolle eines landwirtschaftlichen Betriebes gehört auch die Überprüfung des Pflanzenschutzmittellagers. Nach der guten fachlichen Praxis im Pflanzenschutz sollen die Mengen und die Dauer der Aufbewahrung von Pflanzenschutzmitteln auf ein notwendiges Minimum begrenzt werden. So wird verhindert, dass Pflanzenschutzmittel überlagern oder abgelaufene Pflanzenschutzmittel zum Einsatz kommen. Bei der Kontrolle wird darauf geachtet, dass Pflanzenschutzmittel getrennt von Lebens- und Futtermitteln gelagert werden, nicht zugelassene Pflanzenschutzmittel deutlich gekennzeichnet sind und separat aufbewahrt werden und keine Pflanzenschutzmittel gelagert werden, deren Beseitigung nach dem Pflanzenschutzgesetz vorgeschrieben ist.

In 77 von 1.470 Betrieben (5,2 %) wurden Pflanzenschutzmittel vorgefunden, die der Beseitigungspflicht unterliegen (Tab. 6.19). In diesen Fällen wurde eine Beseitigung angeordnet. Die Beseitigung war gegenüber den Pflanzenschutzdiensten durch Belege nachzuweisen. Wenn der Anordnung nicht oder zu spät nachgekommen wird, können Bußgelder verhängt werden. Im Jahr 2014 wurden Bußgelder bis zu 150 € verhängt. Im Vorjahr wurden 4,5 % der kontrollierten Betriebe beanstandet.

Tab. 6.19 Kontrollen bei Anwendern zur Einhaltung der Beseitigungspflicht von verbotenen Pflanzenschutzmitteln im Jahr 2014

	Kontrollen	Beanstandungen (prozentual)
Anzahl Betriebe	1.470	77 (5,2 %)
davon systematische Kontrollen	1.279	70 (5,5 %)
davon Anlasskontrollen	191	7 (3,7 %)

6.3.3.8 Anzeigepflicht von gewerblichen Pflanzenschutzmittelanwendern und Pflanzenschutzmittelberatern

Gemäß § 10 PflSchG unterliegen Gewerbetreibende, die für Dritte Pflanzenschutzmittel anwenden (z. B. Lohnunternehmen) oder andere über deren Anwendung beraten, einer Anzeigepflicht bei den zuständigen Pflanzenschutzdiensten. Anhand von Listen der gemeldeten Betriebe wird überprüft, ob das Anzeigeverfahren durchgeführt wurde. Für die Kontrollen können auch Nachfragen bei Gewerbeaufsichtsämtern und Handelskammern oder Recherchen im Branchenbuch stattfinden.

Bei der Kontrolle von landwirtschaftlichen Betrieben wurde unter anderem überprüft, ob Pflanzenschutzmittel für oder von Nachbarn oder Dritten ausgebracht werden. Die in Tabelle 6.20 genannte Anzahl von Kontrollen in 751 Betrieben berücksichtigt nur Betriebe, die tatsächlich Pflanzenschutzmaßnahmen als Dienstleistung für Dritte vornahmen.

Bei den 751 Kontrollen ergaben sich 25 Beanstandungen, das entspricht einer Quote von 3,3 % (2013: 7,4 %). Es wurden Bußgelder bis zu 100 € verhängt. Ein Teil der Beanstandungen ist auch darauf zurückzuführen, dass sich aus gelegentlicher (nicht meldepflichtiger) Nachbarschaftshilfe zwischen Landwirten bzw. landwirtschaftlichen Betrieben eine regelmäßige und damit anzeigepflichtige Dienstleistung entwickelt hatte. Einigen Betriebsleitern war nicht bekannt, dass diese Dienstleistung einer Anzeigepflicht gemäß Pflanzenschutzgesetz unterliegt.

Tab. 6.20 Kontrollen zur Einhaltung der Anzeigepflicht gemäß § 10 PflSchG (z. B. Lohnunternehmer, Unternehmen des Garten- und Landschaftsbaus) im Jahr 2014

	Kontrollen	Beanstandungen (prozentual)
Anzahl Betriebe	751	25 (3,3 %)

6.3.4 Anwendungskontrollen auf befestigten Freilandflächen und sonstigen Freilandflächen, die weder landwirtschaftlich noch forstwirtschaftlich oder gärtnerisch genutzt werden

Pflanzenschutzmittel dürfen auf befestigten Freilandflächen und auf Freilandflächen, die weder landwirtschaftlich noch forstwirtschaftlich oder gärtnerisch genutzt werden, nicht angewendet werden. Zu diesen Freiflächen zählen z. B. Gleisanlagen, Straßen, Auffahrten, Wegränder, Hof- und Betriebsflächen. Die genaue Auslegung, welche Flächen nicht unter den Begriff „gärtnerische Nutzung" fallen, kann in den einzelnen Bundesländern unterschiedlich sein. In Einzelfällen kann die zuständige Behörde eine Ausnahmegenehmigung nach § 12 Absatz 2 PflSchG erteilen, wenn bestimmte Voraussetzungen erfüllt sind. Eine Ausnahme des Anwendungsverbots von Pflanzenschutzmitteln auf befestigten Flächen durch Privatpersonen/Laien wird in der Regel nicht genehmigt, da nicht-chemische Bekämpfungsmethoden zur Verfügung stehen. Damit verstoßen Anwendungen auf Garagenauffahrten oder Bürgersteigen in fast allen Fällen gegen das Pflanzenschutzgesetz.

Durch die Anwendung von Pflanzenschutzmitteln auf befestigten Flächen kann es nach Niederschlägen zu einem direkten Eintrag dieser Stoffe in Oberflächengewässer oder in die Kanalisation kommen, da das Regenwasser oberflächlich ablaufen kann. Es wird vermutet, dass Funde von Pflanzenschutzmittelwirkstoffen in Oberflächengewässern zu einem erheblichen Teil aus illegalen Anwendungen auf den genannten Freilandflächen resultieren. Deshalb bildet dieser Bereich einen besonderen Schwerpunkt im Pflanzenschutz-Kontrollprogramm. Im Jahr 2014 wurden über 1.300 Flächen, z. B. Betriebs- oder Verkehrsflächen, überprüft und 1.360 Unternehmer und 664 Privatpersonen kontrolliert.

6.3.4.1 Anwendung von Pflanzenschutzmitteln auf befestigten Freilandflächen und sonstigen Freilandflächen, die weder landwirtschaftlich noch forstwirtschaftlich oder gärtnerisch genutzt werden

Kontrolliert werden zum einen Flächen, für die eine Ausnahmegenehmigung nach § 12 Absatz 2 PflSchG beantragt worden ist. Im Falle einer Ablehnung wird überprüft, ob die Anwendung unterblieben ist. Im Falle einer Genehmigung wird kontrolliert, ob das eingesetzte Mittel und die behandelte Fläche der Genehmigung entsprechen und die Anwendungsbestimmungen und Auflagen eingehalten wurden.

Zum anderen werden Kontrollen auf Flächen durchgeführt, für die keine Genehmigungen beantragt wurden. In diesem Kontrollbereich finden aufgrund von Anzeigen viele Anlasskontrollen statt. Zur Überprüfung wird der Eigentümer befragt; in einigen Fällen werden zusätzlich Boden- oder Pflanzenproben für eine Laboranalyse entnommen. Häufig wird gegen die Bestimmungen der Pflanzenschutz-Anwendungsverordnung verstoßen, da eine Anwendung von Glyphosat auf befestigten Flächen erfolgt, bei denen die Gefahr einer unmittelbaren oder mittelbaren Abschwemmung in Gewässer oder Kanalisation, Drainagen, Straßenabläufe sowie Regen- und Schmutzwasserkanäle besteht.

In Tabelle 6.21 sind die Ergebnisse der Kontrollen aufgeführt. 188 Kontrollen erfolgten nach Erteilung oder Ablehnung einer Ausnahmegenehmigung. Bei 21 Kontrollen wurden Verstöße festgestellt. Die Beanstandungsquote von 11,2 % liegt über den Ergebnissen aus dem Jahr 2013 (8,2 %). Die Anwendung von Pflanzenschutzmitteln auf abgelehnten Flächen bzw. die Nichteinhaltung von Auflagen bei erteilten Ausnahmegenehmigungen führte zu Bußgeldern bis zu 175 €.

Weiterhin wurden 1.331 Flächen kontrolliert, für die keine Ausnahmegenehmigungen zur Anwendung beantragt waren, und in 50,1 % der Fälle Verstöße festgestellt. Da es sich hierbei überwiegend um Anlasskontrollen handelt, ist ein direkter Vergleich mit den Kontrollergebnissen aus dem Jahr 2013 (Beanstandungsquote 36,1 %) wenig aussagekräftig. Für die Anwendung von Pflanzenschutzmitteln auf nicht beantragten Flächen wurden Bußgelder bis zu 1.500 € erteilt. Anlässe für Kontrollen waren zum Beispiel Nachbarschaftsstreitigkeiten, Hinweise von Anwohnern oder Feststellungen der zuständigen Behörden.

Beanstandet wurden z. B. Privatpersonen, die befestigte Flächen (z. B. Auffahrten) mit Pflanzenschutzmitteln behandelt hatten, sowie Kommunen oder gewerbliche Betriebe, die ohne Genehmigung Pflanzenschutzmittel angewendet hatten. Auf landwirtschaftlichen Hof- und Betriebsflächen wurden selten unerlaubte Anwendungen nachgewiesen. Weitere Beanstandungen betrafen die Anwendung von Pflanzenschutzmitteln unmittelbar am Böschungsrand von Gewässern oder auf Feldrainen sowie die Fehlanwendung auf Feldwegen bei der Behandlung landwirtschaftlicher Flächen.

Tab. 6.21 Kontrollen zur Anwendung von Pflanzenschutzmitteln auf befestigten Freilandflächen und Freilandflächen, die weder landwirtschaftlich noch forstwirtschaftlich oder gärtnerisch genutzt werden, einschließlich der Kontrolle von erteilten Ausnahmegenehmigungen im Jahr 2014

	Kontrollen	Beanstandungen (prozentual)
Einhaltung erteilter/abgelehnter Ausnahmegenehmigungen		
Anzahl kontrollierter/beanstandeter Ausnahmegenehmigungen (einschließlich Probenahme)	188	21 (11,2 %)
Kontrollen auf nicht beantragten Flächen (z. B. nach Anzeigen oder bei Verdacht auf Pflanzenschutzmittelanwendung)		
Anzahl kontrollierter/beanstandeter Flächen	1.331	667 (50,1 %)

Aus den Kontrollzahlen lassen sich keine Rückschlüsse auf den tatsächlichen Umfang von Fehlanwendungen ziehen; denn bei beiden in Tabelle 6.21 aufgeführten Kategorien handelt es sich um gezielte Kontrollen und nicht um repräsentative Kontrollen nach dem Zufallsprinzip. Dennoch zeigen die Ergebnisse, dass bezüglich der Vorschriften, die für die Anwendung von Pflanzenschutzmitteln auf nicht landwirtschaftlich, forstwirtschaftlich oder gärtnerisch genutzten Freiflächen gelten, offensichtlich Informationsdefizite bestehen. Gerade beim Einsatz im privaten Bereich scheinen sich alte Gewohnheiten im Umgang mit Pflanzenschutzmitteln nur sehr langsam zu ändern.

6.3.4.2 Pflanzenschutzgeräte im Gebrauch

Die Anwendung von Pflanzenschutzmitteln auf nicht landwirtschaftlich, forstwirtschaftlich oder gärtnerisch genutzten Freilandflächen erfolgt häufig mittels tragbarer Geräte, die keiner Prüfpflicht unterliegen. Von Personen geschobene oder gezogene Streichgeräte unterliegen ab 2020 der Prüfpflicht. Die übrigen Geräte unterliegen bereits heute einer Kontrollpflicht durch anerkannte Prüfwerkstätten. In Tabelle 6.22 sind die Ergebnisse der 338 Kontrollen aufgeführt. Die Beanstandungsquote lag bei 2,1 % (2013: 1,9 %). Bußgelder wurden bis zu 420 € verhängt.

Tab. 6.22 Kontrollen der im Gebrauch befindlichen Pflanzenschutzgeräte bei der Anwendung von Pflanzenschutzmitteln auf nicht landwirtschaftlich, forstwirtschaftlich oder gärtnerisch genutzten Freilandflächen im Jahr 2014

	Kontrollen	Beanstandungen (prozentual)
Anzahl Geräte	338	7 (2,1 %)
davon systematische Kontrollen	253	3 (1,2 %)
davon Anlasskontrollen	85	4 (4,7 %)

6.3.4.3 Sachkunde des Anwenders

Die Regelungen zur Sachkunde des Anwenders, wie sie in Abschnitt 6.3.3.2 beschrieben sind, gelten auch für gewerbliche Anwendungen für Dritte und werden im Rahmen der Erteilung von Nichtkulturland-Ausnahmegenehmigungen gemäß § 12 Absatz 2 PflSchG berücksichtigt.

Bei der Überprüfung von 1.431 Anwendern wurden 65 Personen (4,5 %) ohne die erforderliche Sachkunde festgestellt. Die Beanstandungsquote liegt über der des Vorjahres (2013: 2,5 %). Aus Tabelle 6.23 wird ersichtlich, dass die meisten Beanstandungen bei Anlasskontrollen festgestellt wurden. Bei den systematischen Kontrollen wurde bei 0,9 % der Anwender eine nicht ausreichende Sachkunde bemängelt, bei den Anlasskontrollen lag die Quote bei

15,0 %. Es wurden Bußgelder bis zu einer Höhe von 350 € erteilt.

Tab. 6.23 Kontrollen zu erforderlichen fachlichen Kenntnissen (Sachkunde) der Anwender von Pflanzenschutzmitteln auf nicht landwirtschaftlich, forstwirtschaftlich oder gärtnerisch genutzten Freilandflächen im Jahr 2014

	Kontrollen	Beanstandungen (prozentual)
Anzahl Anwender	1.431	65 (4,5 %)
davon systematische Kontrollen	1.064	10 (0,9 %)
davon Anlasskontrollen	367	55 (15,0 %)

6.3.4.4 Dokumentation von Pflanzenschutzmittelanwendungen

Die Pflicht zur Dokumentation von Pflanzenschutzmittelanwendungen, die sich aus Artikel 67 Absatz 1 Satz 2 der Verordnung (EG) Nr. 1107/2009 ergibt, gilt für berufliche Anwender auch im Hinblick auf Nichtkulturlandflächen. Dabei müssen mindestens die Bezeichnung des Pflanzenschutzmittels, der Zeitpunkt der Anwendung, der Anwender, die Aufwandmenge und die behandelte Fläche aufgezeichnet werden. Bei Privatpersonen ist die Dokumentationspflicht nicht generell gegeben, sondern hängt davon ab, ob im Genehmigungsbescheid nach § 12 Absatz 2 PflSchG die Dokumentation als Auflage festgeschrieben wurde.

Bei der Kontrolle werden die Unterlagen stichprobenartig auf ihre Plausibilität und Vollständigkeit geprüft. Es wird auch kontrolliert, ob die Aufzeichnungen mindestens für drei Jahre aufbewahrt werden. In 36 von 335 kontrollierten Betrieben (10,7 %) fehlten Aufzeichnungen oder waren unvollständig (Tab. 6.24). Im Vorjahr lag die Beanstandungsquote auf ähnlichem Niveau mit 11,0 %. Es wurden Bußgelder bis zu einer Höhe von 500 € erteilt.

Tab. 6.24 Kontrollen zur Dokumentation von Pflanzenschutzmittelanwendungen im Jahr 2014

	Kontrollen	Beanstandungen (prozentual)
Anzahl Betriebe	335	36 (10,7 %)
davon systematische Kontrollen	262	26 (9,9 %)
davon Anlasskontrollen	73	10 (13,7 %)

6.3.4.5 Anzeigepflicht von gewerblichen Pflanzenschutzmittelanwendern und Pflanzenschutzmittelberatern

Die Anwendung von Pflanzenschutzmitteln auf nicht landwirtschaftlich, forstwirtschaftlich oder gärtnerisch genutzten Freilandflächen kann auch durch Dienstleister erfolgen; dies betrifft z. B. Gleisanlagen oder städtische und gewerbliche Flächen. Im Siedlungsbereich gehören dazu auch Hausmeisterdienste. Gemäß § 10 PflSchG unterliegen Gewerbetreibende, die für Dritte Pflanzenschutzmittel anwenden oder andere über die Anwendung beraten, einer Anzeigepflicht bei den zuständigen Pflanzenschutzdiensten.

In Tabelle 6.25 sind die Ergebnisse dargestellt. Bei 191 Kontrollen ergaben sich 14 Verstöße, das entspricht einer Beanstandungsquote von 7,3 % (2013: 7,8 %). Es wurden Bußgelder bis zu einer Höhe von 175 € erteilt.

Tab. 6.25 Kontrollen zur Einhaltung der Anzeigepflicht gemäß § 10 PflSchG (Dienstleister) bei der Anwendung von Pflanzenschutzmitteln auf nicht landwirtschaftlich, forstwirtschaftlich oder gärtnerisch genutzten Freilandflächen im Jahr 2014

	Kontrollen	Beanstandungen (prozentual)
Anzahl Betriebe	191	14 (7,3 %)

6.4 Einhaltung der Vorschriften der Verordnung über das Inverkehrbringen und die Aussaat von mit bestimmten Pflanzenschutzmitteln behandeltem Maissaatgut (MaisPflSchMV)

Aufgrund massiver Schäden an einer Vielzahl von Bienenvölkern in einigen Regionen Süddeutschlands im Frühjahr 2008, die durch die Aussaat von mit dem Wirkstoff Clothianidin behandeltem Maissaatgut verursacht worden waren, wurden im Jahr 2008 strenge Verbote und Beschränkungen für die Verwendung von Beizmitteln für Mais eingeführt. Damals wurden etwa 11.500 Bienenvölker von ca. 700 Imkern teilweise erheblich geschädigt. Das Clothianidin stammte von behandeltem Maissaatgut, bei dem der Wirkstoff nicht ausreichend an den Körnern haftete, sodass es wegen dieser geminderten Beizqualität zu einem starken Abrieb kam.

Bei der Aussaat mit pneumatischen Sägeräten mit Saugluftsystemen, die aufgrund ihrer Konstruktion den Abriebstaub in die Luft abgeben, konnte der Abriebstaub auf blühende Pflanzen gelangen.

In der Folge ordnete das BVL im Mai 2008 das Ruhen der Zulassung für Mittel zur Behandlung von Maissaatgut an, die Methiocarb oder die Neonikotinoide Clothianidin, Imidacloprid und Thiamethoxam enthalten. Das Bundesministerium für Ernährung, Landwirtschaft und Verbraucherschutz (BMELV) erließ im Mai 2008 darüber hinaus eine Verordnung für vorerst 6 Monate, über die die Aussaat von Maissaatgut mit bestimmten Geräten verboten wurde.

Mit der Verordnung über das Inverkehrbringen und die Aussaat von mit bestimmten Pflanzenschutzmitteln behandeltem Saatgut vom 11. Februar 2009 (MaisPflSchMV), die durch die Verordnung vom 29. Juli 2009 geändert und deren Geltung über den 12. August 2009 hinaus verlängert worden ist, wurde ein vollständiges Verbot der Einfuhr und des Inverkehrbringens sowie der Aussaat von Maissaatgut verfügt, welches mit Clothianidin, Imidacloprid und Thiamethoxam behandelt wurde. Methiocarb ist zur Behandlung von Maissaatgut wieder zulässig; es gelten aber strenge Vorgaben zur Beizqualität und zur Aussaattechnik. Des Weiteren müssen die Bestimmungen der Verordnung (EG) Nr. 1107/2009 über die Kennzeichnung von Saatgut eingehalten werden: Auf dem Etikett und in den Begleitdokumenten des behandelten Saatguts müssen die Bezeichnung des Pflanzenschutzmittels, mit dem das Saatgut behandelt wurde, und die Bezeichnung(en) des Wirkstoffs/der Wirkstoffe in dem betreffenden Produkt angegeben sein.

Seit dem Jahr 2009 wird die Beachtung der Vorschriften der Mais-Pflanzenschutzmittelverordnung und der Verordnung (EG) Nr. 1107/2009 in Betrieben des Saatguthandels, in Beizbetrieben und Maisanbaubetrieben intensiv überwacht. Es wurden nur wenige Beanstandungen festgestellt.

Mit der Richtlinie 2010/21/EU der Kommission vom 12. März 2010 fordert die EU-Kommission die Mitgliedstaaten auf, für die Zulassung von Saatgutbehandlungsmitteln mit den Wirkstoffen Clothianidin, Imidacloprid, Thiamethoxam und Fipronil besondere Risikominderungsmaßnahmen zu treffen: Die Applikation auf Saatgut darf nur in professionellen Saatgutbehandlungseinrichtungen vorgenommen werden. Diese Einrichtungen müssen die beste zur Verfügung stehende Technik anwenden, damit gewährleistet ist, dass die Freisetzung von Staub bei der Applikation auf das Saatgut, der Lagerung und der Beförderung auf ein Mindestmaß reduziert werden kann. Die Überprüfung erfolgt anhand von Checklisten, die von Experten aus den Zulassungsbehörden und den Verbänden der Saatguterzeugung erarbeitet wurden.

Zur Umsetzung dieser Vorschrift hat das BVL folgende Anwendungsbestimmung erteilt:

NT6991: Die Anwendung des Mittels auf Saatgut darf nur in professionellen Saatgutbehandlungseinrichtungen vorgenommen werden, die in der Liste „Saatgutbehandlungseinrichtungen mit Qualitätssicherungssystemen zur Staubminderung" des Julius Kühn-Instituts aufgeführt sind (einzusehen auf der Homepage des Julius Kühn-Instituts: http://www.jki.bund.de/geraete.html).

Im Mai 2013 erließ die EU-Kommission mit der Durchführungsverordnung (EU) Nr. 485/2013 weitreichende Restriktionen bezüglich der Anwendung der Wirkstoffe

Tab. 6.26 Kontrollen zur Einhaltung der Mais-Pflanzenschutzmittelverordnung in Betrieben des Saatguthandels bzw. Einfuhrkontrollen im Jahr 2014

	Handelsbetriebe, einschließlich Einfuhrkontrollen	
	Kontrollen	Beanstandungen (prozentual)
Anzahl Betriebe und Einfuhrkontrollen	139	0 (–)
davon Einfuhrkontrollen	54	0 (–)
Anzahl Saatgutproben mit Überprüfung der deklarierten Wirkstoffe (Analyse auf unzulässige Wirkstoffe)	240	0 (–)
Anzahl Saatgutproben mit Überprüfung des Abriebs (Heubachtest)	16	0 (–)

Imidacloprid, Clothianidin und Thiamethoxam, die u. a. auch ein Verbot zur Beizung und Verwendung von Maissaatgut mit den genannten Wirkstoffen enthält.

Im Juni 2013 wurde die MaisPflSchMV angepasst und die Anforderungen an die Geräte zur Aussaat von Maissaatgut weiter erhöht.

Im Jahr 2014 wurden 139 Saatguthandelsbetriebe bzw. Saatgutimporte während der Einfuhr und 292 Maisanbaubetriebe auf die Einhaltung der Vorgaben der Mais-Pflanzenschutzmittelverordnung kontrolliert. Durch die erfolgte Zertifizierung der Saatgutbeizstellen für Mais finden regelmäßige Kontrollen im Rahmen der Qualitätssicherung und durch die Zertifizierungsstellen statt.

Die Ergebnisse der Kontrollen des Saatguthandels sind in Tabelle 6.26 dargestellt. Es wurden insgesamt 139 Kontrollen von Maissaatgut, davon 85 in Saatguthandelsbetrieben und 54 bei der Einfuhr durchgeführt. Es gab keine Beanstandungen (2013: 1,1 %). Bei 240 kontrollierten Saatgutproben, davon 54 bei der Einfuhr, wurden keine unzulässigen Wirkstoffe oder Kennzeichnungsmängel festgestellt (2013: 1,9 %). Bei 16 Saatgutchargen, die mit Methiocarb gebeizt wurden, wurde überprüft, ob der Grenzwert für den Staubabrieb von maximal 0,75 Gramm je 100.000 Korn eingehalten wurde. Es gab keine Beanstandungen (2013: 2,3 %).

Tabelle 6.27 zeigt die Ergebnisse der Kontrollen in 292 Maisanbaubetrieben. Dabei wurden in 7 Betrieben (2,4 %) Saatgut oder die verwendeten Geräte bemängelt (2013: 2,4 %).

Bei Saatgutkontrollen, die anhand von Saatgutlieferbelegen und durch chemische Analysen erfolgten, wurden 280 Chargen überprüft und 3 Proben (1,1 %) beanstandet (2013: 2,7 %). Die Proben enthielten anwendungsrelevante Methiocarbmengen, ohne dass dies auf dem Saatgutsack deklariert war. In keinem Fall wurden die vollständig verbotenen Wirkstoffe (Clothianidin, Imidacloprid oder Thiamethoxam) nachgewiesen.

In 233 Kontrollen im Rahmen von Feld- und Betriebsüberwachungen wurde geprüft, ob die Vorschriften aus § 3 Absatz 3 der Verordnung beachtet wurden, wonach mit Methiocarb behandeltes Saatgut mit pneumatischen

Tab. 6.27 Kontrollen zur Einhaltung der Mais-Pflanzenschutzmittelverordnung in Maisanbaubetrieben im Jahr 2014

	Maisanbaubetriebe	
	Kontrollen	Beanstandungen (prozentual)
Anzahl Betriebe	292	7 (2,4 %)
Kennzeichnung der Saatgutproben und Zulässigkeit der Wirkstoffe im ausgesäten Saatgut	280	3 (1,1 %)
Verwendung zulässiger Sägeräte für die Aussaat von mit Methiocarb gebeiztem Saatgut	233	4 (1,7 %)

Geräten nur unter der Voraussetzung ausgesät werden darf, dass das verwendete Gerät mit einer Vorrichtung ausgestattet ist, die die erzeugte Abluft auf oder in den Boden leitet und dadurch eine Abdriftminderung von Stäuben von mindestens 90 % erreicht. In 4 Betrieben (1,7 %) wurde Methiocarb-haltiges Saatgut mit Sägeräten ausgebracht, die nicht die Voraussetzungen zur Abdriftminderung des Abriebs erfüllten (2013: 1,4 %).

Aufgrund der risikoorientierten Auswahl von Betrieben können keine Aussagen über einen möglichen Trend gegenüber dem Vorjahr gemacht werden. Insgesamt zeigen die Überwachungsdaten, dass die Mais-Pflanzenschutzmittelverordnung vom Handel und den Anwendern beachtet wurde.

6.5 Kontrolle von Pflanzenschutzgeräten

6.5.1 Inverkehrbringen von Pflanzenschutzgeräten

Hersteller, Vertriebsunternehmen oder diejenigen, die Pflanzenschutzgeräte erstmalig zu gewerblichen Zwecken einführen wollen, werden daraufhin kontrolliert, ob die Geräte den gesetzlichen Anforderungen entsprechen. Nach § 16 Absatz 1 PflSchG müssen Pflanzenschutzgeräte so beschaffen sein, dass ihre Verwendung beim Ausbringen von Pflanzenschutzmitteln keine schädlichen Auswirkungen auf die Gesundheit von Mensch und Tier, auf das Grundwasser oder auf den Naturhaushalt hat, die nach dem Stand der Technik vermeidbar sind. Bei den Kontrollen wird geprüft, ob nur Geräte importiert und verkauft werden, die mit einer CE-Kennzeichnung versehen sind. Die Kontrolldurchführung erfolgt insbesondere auf Ausstellungen und Messen, da es speziell um Anforderungen beim erstmaligen Inverkehrbringen von Pflanzenschutzgeräten geht.

Es wurden 19 Kontrollen zum Inverkehrbringen von Pflanzenschutzgeräten durchgeführt und in 10 Fällen Mängel festgestellt (Tab. 6.28). Im Vorjahr gab es keine Beanstandungen.

Tab. 6.28 Kontrollen zum Inverkehrbringen und der Einfuhr von Pflanzenschutzgeräten im Jahr 2014

	Kontrollen	Beanstandungen (prozentual)
Inverkehrbringen oder Einfuhr von Pflanzenschutzgeräten	19	10 (52,6 %)
davon systematische Kontrollen	9	0 (–)
davon Anlasskontrollen	10	10 (100 %)

6.5.2 Überprüfung von im Gebrauch befindlichen Pflanzenschutzgeräten

Die Funktionstüchtigkeit von Pflanzenschutzgeräten wird in den Bundesländern von amtlich anerkannten oder amtlichen Kontrollstellen überprüft. Diese Überprüfung muss seit Mitte 2013, mit Inkrafttreten der Pflanzenschutz-Geräteverordnung, alle 6 Kalenderhalbjahre wiederholt werden. Die erfolgreiche Prüfung wird durch eine Plakette und einen Kontrollbericht dokumentiert. Die Ergebnisse werden im Julius Kühn-Institut (Institut für Anwendungstechnik im Pflanzenschutz) gesammelt und sind in diesem Jahresbericht aufgeführt, da sie die Anwendung von Pflanzenschutzmitteln betreffen. Die Überprüfungen im Jahr 2014 geben Auskunft über die Größenordnung der in Verwendung befindlichen Geräte (Tab. 6.29): Die im Jahr 2014 geprüften 8.405 Spritzge-

räte für Flächenkulturen stellen einen Anteil von 6,6 % des Gesamtbestandes dar; die im Jahr 2014 geprüften 5.208 Sprühgeräte für Raumkulturen, wie Obst, Wein oder Hopfen, nehmen einen Anteil von 12,1 % des Gesamtbestandes ein. Tabelle 6.29 zeigt, dass nach der Überprüfung 99,5 % der Feldspritzgeräte und 99,6 % der Spritz- und Sprühgeräte für Raumkulturen eine Prüfplakette erteilt wurde. Kleinere festgestellte Mängel wurden vor der Plakettenerteilung beseitigt. Die meisten Mängel treten an folgenden Geräteteilen auf:

- bei Spritz- und Sprühgeräten für Flächenkulturen an Düsen/Querverteilung, Armaturen und Behältern,
- bei Sprühgeräten für Raumkulturen am Leitungssystem, an Düsenträgern, Armaturen und Behältern.

Nähere Informationen sind im Internet auf der Seite des Julius Kühn-Instituts erhältlich unter dem Stichwort „Gerätekontrolle" bei „Suche" unter: http://www.jki.bund.de.

Tab. 6.29 Geräteüberprüfungen in amtlich anerkannten oder amtlichen Kontrollstellen (Anzahl gemäß vorliegender Prüfprotokolle) im Jahr 2014 (Quelle: Julius Kühn-Institut, Institut für Anwendungstechnik, Braunschweig)

	Überprüfungen (Anzahl)	nicht erteilte Plakette (prozentual)
Spritz- und Sprühgeräte	13.613	
davon Feldspritzgeräte	8.405	0,5 %
davon Spritz- und Sprühgeräte für Raumkulturen	5.208	0,4 %

6.5.3 Überprüfung der Kontrollstellen

Die Kontrollstellen, die die Geräteprüfungen durchführen, werden durch die Pflanzenschutzdienste regelmäßig überwacht. Im Jahr 2014 wurden 268 Inspektionen in den Kontrollstellen durchgeführt und in 10 Fällen (3,7 %) Verstöße festgestellt (2013: 6,5 %). Es wurde beispielsweise bemängelt, dass die Geräteprüfungen in den Kontrollstellen teilweise nicht gemäß den Vorgaben der Richtlinien für die Prüfung von Pflanzenschutzgeräten des Julius Kühn-Instituts durchgeführt werden.

Anlasskontrollen
Anlasskontrollen dienen zur Aufklärung von offensichtlichen oder vermuteten Verstößen gegen das Pflanzenschutzrecht, die durch Anzeigen, Verdachtsmomente oder Auffälligkeiten bekannt werden.

Anwendungsbestimmungen
Vom Bundesamt für Verbraucherschutz und Lebensmittelsicherheit mit der Zulassung festgesetzte Vorschriften zum Schutz der Gesundheit von Mensch und Tier und zum Schutz vor sonstigen schädlichen Auswirkungen, insbesondere auf den Naturhaushalt.

Anwendungsgebiet
Der Zweck, für den die Anwendung des Pflanzenschutzmittels zugelassen bzw. genehmigt ist; in der Regel die Kombination aus der Kulturpflanze oder dem Pflanzenerzeugnis und dem Schadorganismus, gegen den die Pflanze/das Pflanzenerzeugnis geschützt wird.

Beistoffe
Beistoffe oder Formulierungshilfsstoffe sind Stoffe oder Zubereitungen, die neben den technischen Wirkstoffen im Pflanzenschutzmittel enthalten sind und dem Produkt die für die Anwendung erforderlichen Eigenschaften verleihen. Der Einsatz von Beistoffen stellt die erforderliche Verteilung der Wirkstoffe in der Spritzlösung, die Lagerstabilität, die Handhabung und die Ausbringung des Pflanzenschutzmittels sicher und sorgt für die Sicherheit des Anwenders. Beistoffe können aus mehreren Komponenten (Beistoffsubstanzen) bestehen. Beispiele für Beistoffe: Lösemittel, Emulgatoren, Haftmittel, Stabilisatoren, Schaumverminderer.

Freilandflächen, die nicht landwirtschaftlich, forstwirtschaftlich oder gärtnerisch genutzt werden
Zu solchen Freilandflächen zählen z. B.:
- an Kulturflächen angrenzende Feldraine, Böschungen, nicht bewirtschaftete Flächen und Wege einschließlich der Wegränder,
- Verkehrsflächen jeglicher Art wie Gleisanlagen, Straßen-, Wege-, Hof- und Betriebsflächen sowie sonstige durch Tiefbau veränderte Areale.

Gute fachliche Praxis
Nach dem PflSchG ist bei der Anwendung von Pflanzenschutzmitteln nach guter fachlicher Praxis zu verfahren. Die aktuelle Fassung der Grundsätze zur Durchführung der guten fachlichen Praxis im Pflanzenschutz wurde im Bundesanzeiger Nr. 76a vom 21. Mai 2010 bekannt gemacht.

Inverkehrbringen
Das Bereithalten und Anbieten zum Verkauf, jede andere Form der Weitergabe, egal ob entgeltlich oder unentgeltlich, sowie Verkauf, Vertrieb und andere Formen der Weitergabe selbst; auch die Überführung in den freien Verkehr des Gebiets der EU.

Kontrollschwerpunkt
Die Schwerpunkte im Pflanzenschutz-Kontrollprogramm werden jährlich neu festgelegt, um auf aktuelle Entwicklungen reagieren zu können. Folgende Informationen und Kriterien finden dabei Berücksichtigung:
- Hinweise über den Einsatz von Pflanzenschutzmitteln in nicht zugelassenen oder genehmigten Anwendungsgebieten aufgrund von Rückstandsfunden der Lebensmittelüberwachung,
- Hinweise über Verstöße aus den Kontrollen der Vorjahre,
- Kulturen mit intensivem Pflanzenschutzmitteleinsatz,
- Änderung der Zulassungssituation (Widerruf von Zulassungen),
- Grundwassermonitoring der Bundesländer.

Parallelhandel
Aufgrund des unterschiedlichen Preisniveaus werden Pflanzenschutzmittel von Anwendern oder Handelsunternehmen häufig aus anderen Mitgliedstaaten der EU nach Deutschland importiert. Dies ist wegen der Frei-

Berichte zu Pflanzenschutzmitteln 2014, DOI 10.1007/978-3-319-24915-5_7,
© Bundesamt für Verbraucherschutz und Lebensmittelsicherheit (BVL) 2016

heit des Warenverkehrs grundsätzlich möglich. Solche Parallelhandelsmittel bedürfen keiner eigenen Zulassung, wenn sie in der Zusammensetzung mit einem in Deutschland zugelassenen Pflanzenschutzmittel übereinstimmen. Händler, die mit solchen Mitteln handeln möchten, und Anwender, die sie für den Eigengebrauch importieren möchten, benötigen aber vom BVL eine Genehmigung für den Parallelhandel (bis zum 13. Juni 2011 als Verkehrsfähigkeitsbescheinigung bezeichnet). Nachgeahmte Produkte, oft als Generika bezeichnet, die keine Zulassung in einem Mitgliedstaat der Europäischen Union besitzen, sind keine Parallelimporte und dürfen ohne Zulassung nicht vermarktet werden.

Pflanzenschutzgeräte

Geräte und Einrichtungen, die zum Ausbringen von Pflanzenschutzmitteln bestimmt sind, z. B. Traktor-Anbau-, -Aufbau- und -Anhängegeräte sowie selbst fahrende Geräte, Karrenspritzen, tragbare Spritzen und Rückenspritzen.

Pflanzenschutzmittel

Die Verordnung (EG) Nr. 1107/2009 definiert in Artikel 2 Absatz 1 Pflanzenschutzmittel als Produkte, die für einen der folgenden Verwendungszwecke bestimmt sind:

- Pflanzen oder Pflanzenerzeugnisse vor Schadorganismen zu schützen oder deren Einwirkung vorzubeugen, soweit es nicht als Hauptzweck dieser Produkte erachtet wird, eher hygienischen Zwecken zu dienen;
- in einer anderen Weise als Nährstoffe die Lebensvorgänge von Pflanzen zu beeinflussen (z. B. Wachstumsregler);
- Pflanzenerzeugnisse zu konservieren, soweit diese Stoffe oder Produkte nicht besonderen Gemeinschaftsvorschriften über konservierende Stoffe unterliegen;
- unerwünschte Pflanzen oder Pflanzenteile zu vernichten, mit Ausnahme von Algen, es sei denn, die Produkte werden auf dem Boden oder im Wasser zum Schutz von Pflanzen ausgebracht;
- ein unerwünschtes Wachstum von Pflanzen zu hemmen oder einem solchen Wachstum vorzubeugen, mit Ausnahme von Algen, es sei denn, die Produkte werden auf dem Boden oder im Wasser zum Schutz von Pflanzen ausgebracht.

Pflanzenstärkungsmittel

Die Novelle des Pflanzenschutzgesetzes, die am 14. Februar 2012 in Kraft getreten ist, definiert Pflanzenstärkungsmittel als Stoffe und Gemische einschließlich Mikroorganismen, die

- ausschließlich dazu bestimmt sind, allgemein der Gesunderhaltung der Pflanzen zu dienen, soweit sie nicht

Pflanzenschutzmittel nach Artikel 2 Absatz 1 der Verordnung (EG) Nr. 1107/2009 sind, oder
- dazu bestimmt sind, Pflanzen vor nichtparasitären Beeinträchtigungen zu schützen.

Sachkunde

Nach geltendem Recht dürfen Pflanzenschutzmittel nur von Personen angewandt werden, die die erforderliche Zuverlässigkeit und die erforderlichen fachlichen Kenntnisse besitzen. Analog muss jede Person, die Pflanzenschutzmittel abgibt, die erforderliche Zuverlässigkeit und fachlichen Kenntnisse besitzen. Ein Nachweis kann erfolgen

- durch die Vorlage eines Zeugnisses über eine bestandene Berufsabschluss-, Fortbildungs- oder Umschulungsprüfung oder über ein abgeschlossenes Hoch- oder Fachhochschulstudium in bestimmten Berufsgruppen,
- durch eine Prüfung nach der Pflanzenschutz-Sachkundeverordnung.
- Ab dem 27. November 2015 gilt als Nachweis der Sachkunde nur noch der Sachkundenachweis Pflanzenschutz. Die Sachkundenachweiskarte muss in dem Bundesland beantragt werden, in dem der Antragsteller seinen Hauptwohnsitz hat.

Auf Antrag kann die zuständige Behörde auch den erfolgreichen Abschluss in einer anderen Aus-, Fort- oder Weiterbildung als Nachweis der erforderlichen fachlichen Kenntnisse und Fertigkeiten anerkennen, wenn die Vermittlung solcher Kenntnisse und Fertigkeiten Gegenstand der jeweiligen Aus-, Fort- oder Weiterbildung gewesen ist.

Im Haus- und Kleingartenbereich ist dieser Nachweis nicht erforderlich, allerdings hat der Gesetzgeber hier im Sinne des Verbraucherschutzes Vorsorge getroffen, indem er die für den Haus- und Kleingartenbereich erlaubten Mittel vorgibt sowie eine Beratung durch den Abgeber vorschreibt.

Systematische Kontrollen

Systematische Kontrollen sind vorab geplante und bezüglich des Kontrollumfangs festgelegte Überprüfungen. Der Kontrollumfang kann bei systematischen Kontrollen alle vor Ort prüfbaren Kontrolltatbestände umfassen oder auf bestimmte Tatbestände reduziert sein (Schwerpunktkontrollen). Die risikobasierten Schwerpunkte der Kontrollen können jährlich wechseln.

Verunreinigungen

Jeder Bestandteil außer dem reinen Wirkstoff und/oder der Wirkstoffvariante, der/die sich im technischen Material befindet (auch durch Herstellungsprozess oder den Abbau während der Lagerung entstanden).

Wirkstoffe von Pflanzenschutzmitteln

Chemische Elemente oder deren Verbindungen, wie sie natürlich vorkommen oder zu gewerblichen Zwecken hergestellt werden, einschließlich der Verunreinigungen, mit Wirkung auf Schadorganismen oder Pflanzen oder Pflanzenerzeugnisse; Mikroorganismen einschließlich Viren und ähnliche Organismen sowie ihre Bestandteile sind den chemischen Elementen gleichgestellt.

Zusatzstoffe

Stoffe, die dazu bestimmt sind, Pflanzenschutzmitteln zugesetzt zu werden, um ihre Eigenschaften oder Wirkungen zu verändern, ausgenommen Wasser und Düngemittel.

Baden-Württemberg
Landwirtschaftliches Technologiezentrum
Augustenberg (LTZ)
Neßlerstraße 23 – 31, 76227 Karlsruhe
Tel.: 0721 9468-450, Fax: 0721 9468-451
poststelle@ltz.bwl.de
http://www.ltz-Augustenberg.de

Regierungspräsidium Stuttgart
– Pflanzenschutzdienst –
Postfach 80 07 09, 70507 Stuttgart
Ruppmannstr. 21, 70565 Stuttgart
Tel.: 0711 904-0; Fax: 0711 904-13090
Abteilung3@rps.bwl.de
http://www.rp.baden-wuerttemberg.de

Regierungspräsidium Karlsruhe
– Pflanzenschutzdienst –
Schlossplatz 4 – 6, 76131 Karlsruhe
Tel.: 0721 926-0; Fax: 0721 926-5337
Abteilung3@rpk.bwl.de
http://www.rp.baden-wuerttemberg.de

Regierungspräsidium Freiburg
– Pflanzenschutzdienst –
Bertoldstraße 43, 79098 Freiburg/Breisgau
Tel.: 0761 208-0; Fax: 0761 208-1268
Abteilung3@rpf.bwl.de
http://www.rp.baden-wuerttemberg.de

Regierungspräsidium Tübingen
– Pflanzenschutzdienst –
Postfach 26 66, 72016 Tübingen
Konrad-Adenauer-Straße 20, 72072 Tübingen
Tel.: 07071 757-0; Fax: 07071 757-31 90
Abteilung3@rpt.bwl.de
http://www.rp.baden-wuerttemberg.de

Bayern
Anwendungskontrolle:
Bayerische Landesanstalt für Landwirtschaft
– Institut für Pflanzenschutz –
Lange Point 10, 85354 Freising
Tel.: 08161 71-5213, Fax: 08161 71-5198
Pflanzenschutz@LfL.bayern.de
http://www.LfL.bayern.de

Verkehrskontrolle:
Bayerische Landesanstalt für Landwirtschaft
– Verkehrs- und Betriebskontrollen –
Am Gereuth 8, 85354 Freising
Tel.: 08161 71-3137, Fax: 08161 71-5227
Verkehrskontrolle@LfL.bayern.de
http://www.LfL.bayern.de

Berlin
Pflanzenschutzamt Berlin
Mohriner Allee 137, 12347 Berlin
Tel.: 030 700006-0, Fax: 030 700006-255
pflanzenschutzamt@senstadtum.berlin.de
http://www.stadtentwicklung.berlin.de/pflanzenschutz

Brandenburg
Landesamt für Ländliche Entwicklung, Landwirtschaft
und Flurneuordnung
– Pflanzenschutzdienst –
Müllroser Chaussee 54, 15236 Frankfurt (Oder)
Tel.: 0335 560-2101, Fax: 0335 560-2113
poststelle.pflanzenschutzdienst@lelf.brandenburg.de
http://lelf.brandenburg.de/

Berichte zu Pflanzenschutzmitteln 2014 , DOI 10.1007/978-3-319-24915-5_8,
© Bundesamt für Verbraucherschutz und Lebensmittelsicherheit (BVL) 2016

Bremen
Lebensmittelüberwachungs-, Tierschutz- und Veterinär-
dienst
des Landes Bremen
– Pflanzenschutzdienst –
Lötzener Straße 3, 28207 Bremen
Tel.: 0421 361-89204, Fax: 0421 361-16644
birte.evers@lmvet.bremen.de
http://www.lmtvet.bremen.de

Hamburg
Behörde für Wirtschaft, Verkehr und Innovation (BWVI)
– Pflanzengesundheitskontrolle –
Indiastraße 3
20457 Hamburg
Tel.: 040 42841-5208, Fax: 040 427941-069
gregor.hilfert@bwvi.hamburg.de
http://pflanzenschutz.hamburg.de/

Hessen
Regierungspräsidium Gießen
– Pflanzenschutzdienst Hessen –
Schanzenfeldstraße 8, 35578 Wetzlar
Tel.: 0641 303-5210, Fax: 0641 303-5104
martin.kerber@rpgi.hessen.de
http://www.rp-giessen.de

Mecklenburg-Vorpommern
Landesamt für Landwirtschaft, Lebensmittelsicherheit
und Fischerei Mecklenburg-Vorpommern
– Abteilung Pflanzenschutzdienst –
Graf-Lippe-Str. 1, 18059 Rostock
Tel.: 0381 4035-0, Fax: 0381 4922-665
pflanzenschutzdienst@lallf.mvnet.de
http://www.lallf.de

Niedersachsen
Landwirtschaftskammer Niedersachsen
– Pflanzenschutzamt –
Standort Hannover
Wunstorfer Landstraße 9, 30453 Hannover
Tel.: 0511 4005-0, Fax: 0511 4005-2120
Pflanzenschutzamt@lwk-niedersachsen.de
http://www.ml.niedersachsen.de
http://www.lwk-niedersachsen.de

Nordrhein-Westfalen
Pflanzenschutzdienst der
Landwirtschaftskammer Nordrhein-Westfalen
Postfach 30 08 64, 53188 Bonn
Siebengebirgsstraße 200, 53229 Bonn
Tel.: 0228 703-0, Fax: 0228 703-2102
pflanzenschutzdienst@lwk.nrw.de
http://www.landwirtschaftskammer.de/landwirtschaft/
\protect\penalty\z@pflanzenschutz/

Rheinland-Pfalz
Aufsichts- und Dienstleistungsdirektion Trier
Referat 42 – Pflanzenschutz –
Postfach 13 20, 54203 Trier
Willy-Brandt-Platz 3, 54290 Trier
Tel.: 0651 9494-0, Fax: 0651 9494-170
poststelle@add.rlp.de
http://www.agrarinfo.rlp.de

Saarland
Anwendungskontrolle:
Ministerium für Umwelt und Verbraucherschutz
Referat B/1
Keplerstraße 18, 66117 Saarbrücken
Tel.: 0681 501-4857, Fax: 0681 501-4314
MUV_Referat_B1@umwelt.saarland.de
http://www.umwelt.saarland.de

Verkehrskontrolle:
Landwirtschaftskammer für das Saarland
Dillinger Straße 67, 66822 Lebach
Tel.: 0681 928-106, Fax: 0681 928-100
klaus.eckert@lwk-saarland.de
http://www.lwk-saarland.de

Sachsen
Sächsisches Landesamt für Umwelt, Landwirtschaft
und Geologie
Referat 92 – Kontrolldienst Agrarwirtschaft
Zur Wetterwarte 11, 01109 Dresden Klotzsche
Tel.: 0351 8928-3501, Fax: 0351 8928-3599
KontrolldienstAgrarwirtschaft.lfulg@smul.sachsen.de
http://www.smul.sachsen.de/lfulg

Sachsen-Anhalt
Landesanstalt für Landwirtschaft, Forsten und Gartenbau
– Dezernat Pflanzenschutz –
Strenzfelder Allee 22, 06406 Bernburg
Tel.: 03471 334-342, Fax: 03471 334-109
Pflanzenschutz@llfg.mlu.sachsen-anhalt.de
http://www.llfg.sachsen-anhalt.de

Schleswig-Holstein
Landwirtschaftskammer Schleswig-Holstein
– Abt. Pflanzenbau, Pflanzenschutz, Umwelt –
Referat Genehmigungen, Kontrollen und Sachkunde
Grüner Kamp 15-17, 24768 Rendsburg
Tel.: 04331 9453-314, Fax: 04331 9453-389
ssteffensen@lksh.de
http://www.lksh.de

Thüringen
Thüringer Landesanstalt für Landwirtschaft
Referat 410 – Pflanzenschutz –
Kühnhäuser Straße 101, 99090 Erfurt
Tel.: 0361 55068-0, Fax: 0361 55068-140
pflanzenschutz@tll.thueringen.de
http://www.thueringen.de/de/tll/